U0295603

光催化
创造未来

——环境和能源的绿色革命

[日] 藤岛昭 著

上官文峰 译

上海交通大学出版社
SHANGHAI JIAO TONG UNIVERSITY PRESS

内容提要

本书通俗易懂地解说了作者从发现光催化分解水现象,到光催化在环境净化等领域中的应用。主要介绍了光催化技术在空气净化、超亲水、自清洁、抗菌除臭等方面的技术应用,以及光催化在农业和医疗等领域展现的应用前景。全书图文并茂、形象生动,可供广大科普爱好者阅读,也适合青少年知识拓展使用。

图书在版编目(CIP)数据

光催化创造未来 /(日)藤岛昭著;上官文峰译.
—上海:上海交通大学出版社,2014
ISBN 978-7-313-12219-3

Ⅰ.①光… Ⅱ.①藤… ②上… Ⅲ.①光催化-研究
Ⅳ.①O644.11

中国版本图书馆CIP数据核字(2014)第242413号

HIKARI SHOKUBAI GA MIRAI O TSUKURU
Kankyo,Enerugi o kurin ni
by Akira Fujishima
© 2012 by Akira Fujishima
First published 2012 by Iwanami Shoten, Publishers, Tokyo.
This simplified Chinese edition published 2015
by Shanghai Jiao Tong University Press, Shanghai
by arrangement with the proprietor c/o Iwanami Shoten, Publishers, Tokyo

上海市版权局著作权合同登记号:图字:09-2014-386

光催化创造未来
——环境和能源的绿色革命

著 者:[日]藤岛昭 译 者:上官文峰
出版发行:上海交通大学出版社 地 址:上海市番禺路951号
邮政编码:200030 电 话:021-64071208
出 版 人:韩建民
印 制:常熟市文化印刷有限公司 经 销:全国新华书店
开 本:787mm×960mm 1/32 印 张:6
字 数:83千字
版 次:2015年1月第1版 印 次:2015年1月第1次印刷
书 号:ISBN 978-7-313-12219-3/O
定 价:22.00元

在人类面临能源与环境问题巨大挑战的今天,人们企望儒勒·凡尔纳在他的科幻小说《神秘岛》(1874年)中所描述的情景能成为现实:"我相信总会有一天可以用水来做燃料……,水将是未来的煤炭。"

被称为"本多–藤岛效应"的光解水现象的发现,使人类朝着实现这个预言迈出了第一步。这一被誉为化学界"圣杯"的重要科学研究,告诉人们只需要阳光和水就可获得理想的清洁能源——氢能,这给人类带来的将是一场能源革命。

本书作者——被称为"光催化之父"的藤岛昭教授给我们讲述了光催化现象发现中的趣事,形象生动地介绍了光催化技术在清洁空气、超亲水、自清洁、抗菌除臭等方面的技术应用,以及光催化在农业、医疗、太阳能光解水制氢等领域展现的应用前景。全书图文并茂，深入浅出，可供广大科普爱好者阅读，也适合青少年拓展阅读。翻译本书之目的，正像本书作者所说的，"我希望本书的读者，特别是年轻人，能通过本书唤起他们对科学的兴趣，不要害怕失败，要勇敢地去挑战"。

作为一位光催化领域的研究者，译者感谢出版社选择了这本书的翻译出版。同时也衷心感谢我的太太谢晓青对翻译本书给予的支持。

上官文峰

目录

第1章　激动时刻 1

1976年，东京大学研究室 / 3

光分解水产生氧气 / 7

重温电解水 / 11

改变时势的《自然》论文 / 13

搭上能源末班车 / 15

两位大恩人 / 18

第2章　催化和光催化 20

什么是催化 / 20

什么是光催化 / 24

光催化剂的代表性物质——氧化钛 / 25

氧化钛表面发生的氧化还原反应 / 28

光从何而来 / 29

传送给地球的太阳能总量 / 32

光谱和光催化 / 34

无光不动 / 35

量子论的恩惠 / 36

爱因斯坦的光量子假说和光电效应 / 38

第3章　先从环境问题的应用入手 40

能量转换很难　40

转变思维 / 43

确定目标在微量物质上 / 45

在瓷砖和玻璃上涂覆光催化薄膜 / 47

从除烟味的窗户纸到空气净化器的过滤器 / 50

污染的大气可以清洁吗 / 52

超亲水性——氧化钛光催化的另一个功能 / 53

第 4 章　氧化钛的功能（Ⅰ）.........56

有色水的颜色消失了 / 56

什么是氧化分解 / 58

氧化分解如何分解 / 61

第 5 章　氧化钛的功能（Ⅱ）.........66

热气也不会使镜面起雾 / 66

什么是超亲水性 / 69

哪些领域可以应用 / 71

第 6 章　不会脏的房子 74

我家的房子 / 74

高层大楼的外墙和窗户玻璃 / 77

高速公路的隔音墙 / 80

帐篷材料的屋顶 / 81

上海世博会上大显身手 / 83

向世界扩展 / 84

第 7 章　空气变清新了 88

去除烟味儿 / 88

生活用品上的应用 / 91

抗病毒 / 93

电冰箱中的应用 / 95

空运货物 / 98

大气能净化吗 / 99

世界上第一条空气净化道路 / 102

第 8 章　光催化的扩展 105

防止热岛效应 / 105

水可以净化吗 / 108

农业上的应用 / 110

不臭的牲畜圈 / 114

第 9 章　室内光催化的应用 116

开发能利用可见光的材料 / 117

氧化钛纳米管的世界 / 120

新居综合征 / 122

不会脏的衣服 / 124

超亲水性和超憎水性表面的可能性 / 128

第 10 章　医疗领域的应用 131

手术室的应用 / 131

癌症治疗 / 135

导管、医疗器具上的应用 / 138

流行性感冒病毒上的应用 / 142

牙科上的应用 / 143

第 11 章　向能源问题发起的挑战 145

重拾氢能梦想 / 145
向植物学习 / 147
创造高效的制氢系统 / 149
二氧化碳的利用 / 155

第 12 章　光催化的规范化进程 157

冒牌货和正品 / 157
什么是标准化 / 159
JIS 规格、日本的标准化进程 / 162
从 JIS 到 ISO / 164
光催化的安全性 / 166

结束语 169

光催化博物馆 / 171
太阳能热电站反射镜的应用 / 172
光催化综合系统研究中心的设立 / 173
LED 光源的导入 / 173
新光催化过滤器的开发 / 174
新干线上窗户玻璃保洁的尝试 / 175
光催化在汽车上的应用 / 178

参考文献 182

第1章
激动时刻

　　"光催化"一词，大家第一次是从哪里听到的呢？从电器商店里？还是从电视上或新闻报道里？

　　20世纪90年代后期，光催化才开始普及而应用于产品，并出现在人们的日常生活中。进入21世纪以后，光催化已经应用到更广泛的领域，受到更多人的关注。

　　例如，光催化剂作为空气净化器的过滤器，净化室内空气；光催化剂涂覆在住宅和大楼外墙上，利用太阳光照射和雨水冲洗，去除污渍，保持清洁。这些内容在后面的章节将会详细介绍。实际上，10多年前，我家房子的外墙上就涂覆着光催化透明薄膜（见图1.1）。即使是现在，只要下雨，外墙就被冲洗得干干净净，始终保持洁净状态。另外，汽车门上的后视镜，由于使用了光

图 1.1　外墙涂覆光催化剂的作者住宅

催化技术，不再容易起雾，对防止交通意外发挥了重要作用。

10多年来，通过观察自己家房子的外墙，我对光催化技术的真实性确信不疑。因此，我一直以来都希望光催化技术不仅造福日本，而且让世界上更多的人可以利用光催化技术，为营造更好的环境，过上更好的生活发挥其作用。为了实现这个目标，现在我仍然和很多同行一起继续推进这项研究。

2006年开始，初中的理科教材和高中的化学教材上也开始介绍光催化方面的内容了。实际

上,光催化的原理还要追溯到40年前,那时我还
是硕士研究生,研究中发现了"可以利用光能分
解水"的现象。

当时这一发现让我非常激动。现在回想起
来,那是我作为一个科技工作者第一次感到激动
的瞬间。直到现在,那时的激动和兴奋还像昨天
发生的一样,清晰地留在脑海里。

在本书中,除了尽可能浅显易懂地介绍光催
化剂的结构和利用光催化技术成功开发的产品,
以及开发过程中的一些幕后花絮外,还会让读者
分享到一些研发过程中发生的让人感动的事情,
时而还有失败和挫折以及克服重重困难后终于
取得成果时那种任何东西都无法换来的喜悦!

如果本书对年轻人在选择未来人生道路时,
哪怕是有一点点的启发,我将感到非常荣幸。

1976 年,东京大学研究室

那么,就让我们把时针拨回到40多年前,了
解一下我在研究生时代发现的"光解水"到底是
个什么现象吧,为什么我会那么激动。

1966年3月,我从横滨国立大学工学部电气

化学科毕业后,进了东京大学研究生院菊池真一先生的研究室,从事感光化学和光化学方面的研究。虽然大学四年级的时候,我已经通过了国家公务员的上级考试,当时的通产省和文部省都有意愿录用我,但我反复考虑后还是觉得读研究生进一步深造最适合自己。在菊池真一先生的研究室里,看到很多优秀的学长对研究充满热情,自己内心也升腾起一股跃跃欲试的劲头。

现在,我也总是强调,从事研究和开发的环境里,最重要的就是"环境氛围",这句话就出自研究生时代的菊池研究室。那时在菊池研究室里,有一位对光电气化学兴趣浓厚的副教授,他就是后来成为东京大学教授的本多健一先生。在他的指导下,我把各种各样的半导体扔进水中,研究光照后的反应。

所谓半导体,就是对物质进行分类时,位于导电性质的物体(导体:例如铁、铜、铝、铅等金属)和非导电性质的物体(绝缘体:例如玻璃、橡胶等)之间的物质,在条件允许的情况下也可以导电。代表性的半导体有硅和锗。特别是硅,现在被广泛地应用于家电产品中,有"工业大米"的美誉。

　　我在本多先生的指导下,将照片胶卷和相纸上使用的卤化银等半导体作为电极,反复进行光照实验,但毫无进展。就在陷入僵局时,我想,有没有一种可以感光的新半导体材料呢?于是,我每天跑图书馆去查,同时也向其他研究室的人请教。

　　有一天,听说隔壁研究室从事复印机等基础研究的博士生饭田武扬正在研究一种叫氧化钛的物质,就向他请教,他告诉了我制作氧化钛单晶的厂家。

　　氧化钛单晶是一种具有类似钻石特性的物质,所以被饰品行业当作贵重宝物,甚至出现了专门制造氧化钛单晶的风险投资企业。所谓单晶,是指任何部位的结晶轴的方向都一致的晶体。硅和水晶的单晶一般应用在电子机器和精密机器上。

　　对我来说,正值研究走进死胡同,所以无论如何也想搞到氧化钛单晶,用它进行光照实验,找到线索打破目前的僵局。于是,我大胆地给制造氧化钛单晶公司的中住让秀社长写了一封信。至于那位社长会不会给一个刚读研究生的小青年回信,其实完全没有把握。但自己知道,什么都不做,干等着是不会有好运降临的!

"如果刀剑短了，只要向前走一步就长了。"这是江户时代的第三代将军、德川家光的剑术老师柳生宗矩的名言，也是我最喜欢的座右铭。结果，真的幸运地收到了中住让秀社长的回信，并且拿到了氧化钛单晶。时间正是1967年的春天。

虽说拿到了氧化钛单晶，但麻烦仍然不少。像钻石一样坚硬的单晶，如何才能做成实验用的电极？完全没有方向，真是吃尽了苦头。

为了将氧化钛单晶切割成1~2 mm厚的圆板形，我跑到东大的物性研究所试样制作室，借用他们的钻石切割刀才终于解决了问题。另外，我还想办法增加氧化钛单晶的导电性，与铜线连接起来等，总之通过一番工夫，总算做成了氧化钛电极。其结构如图1.2所示。

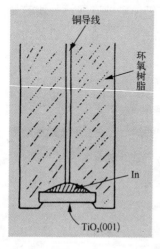

铜导线

环氧树脂

In

TiO$_2$(001)

图1.2　氧化钛电极的光解水实验（截面图）

光分解水产生氧气

电极总算做成了。我查阅了做好的氧化钛单晶电极的电气化学特性之后开始试验,将氧化钛单晶电极放进水溶液中,观察发生的电化学反应。

当光线照射到水溶液中的氧化钛电极外侧时,其表面开始咕嘟咕嘟地冒气。一旦停止光照,就不冒气了。图1.3显示了当时的实验情景。

真是不可思议。再仔细观察安装在线路中的电流计,仅光照时有大电流通过,停止光照时,

图1.3　世界首次发现光解水的实验现象图

电流就恢复到零。我又通过改变光的强度观察了电流的变化，推测出产生的气体可能是氧气。对气体进行实际分析，采用气相色谱法检测后得到了验证，完全与推测的一致，氧化钛表面产生的气体就是氧气！

在本次实验稍早前，已经有德国的研究小组报告，他们采用与氧化钛具有同样半导体特性的氧化锌作电极进行光照后，也生成了氧气。

那个研究小组的核心人物，就是德国柏林弗里茨哈伯研究所的Gerischer教授。他被誉为是当时世界上半导体研究领域最优秀的人。但是，报告显示，Gerischer教授使用氧化锌进行研究时，产生的氧气是由氧化锌的结晶自身溶化而生成的。我也采用氧化锌进行了实验，结果氧化锌的表面溶化后变得千疮百孔。

那么，氧化钛电极的表面又如何呢？无论光照几天，还是和实验前一样光溜溜的。同时我还检查了氧化钛电极的重量，发现实验前和实验后重量没有发生任何变化。这是一个重大发现，我兴奋不已。

让我对图1.3中生成氧气时的检测状态稍微做些详细的说明吧。通常情况下，水的电解实验

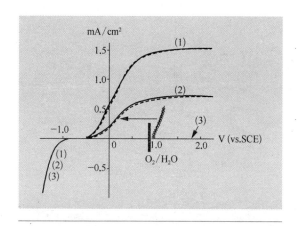

图 1.4　电流电压曲线
(1) 光照射　(2) 1/2 光强照射　(3) 无光照射

如图 1.4 所示，从 +1 V 左右的电位处增加到更高的电压时不会产生氧气。但是，如果从光照的氧化钛表面开始，— 0.5 V 就可产生氧气。也就是说，水分解产生氧气的现象变得更容易发生了。

于是，基于光能被氧化钛吸收后容易从水中产生氧气这一现象，我在学术会议上发表了"光增感电解"这一新词。由于水氧化产生氧气生成的反应是由负电位引起的，因此将氧化钛电极和白金电极组装后做成了如图 1.5 的简单装置，然后再次对氧化钛表面进行光照后观察，结果氧化钛表面生成了大量的氧气。而且，作为对极的

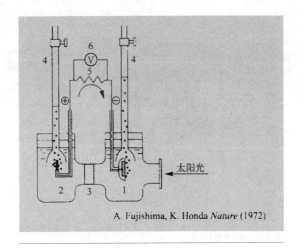

A. Fujishima, K. Honda *Nature* (1972)

图1.5　1972年发表在《自然》杂志上的论文的图：利用氧化钛电极分解水的实验

白金电极的表面确认无疑地显示生成了氢气。

也就是说，和水的电解不一样，只要在光照的条件下就会发生吗？是的，只能如此考虑。在反复实验中，对这一点我越来越确信不疑。

那时，我住在东京都世田谷区，经常带狗去我家附近的羽根木公园散步。有个星期天的早晨，看着太阳光照射下闪闪发光的樱花树叶，瞬间受到启发，一个念头跃出脑际：自己不正是用最简单的实验装置，再现了树叶表面发生的光合作用吗？

重温电解水

这里,简单地重温一下电解水吧。

虽然电解水现在已经成为中学理科教材上不可或缺的实验,但是,最先发现给水增加电压能生成氢气和氧气,还是距今200多年前的1800年发生的事情。由英国的解剖学家安东尼·卡莱尔和技师威廉·尼科尔森偶然发现的。

说起1800年,也就是同一年,意大利的亚历山德罗·伏打(1745—1827)发明了著名的伏打电池。之后的1833年,迈克尔·法拉第(1791—1867)发现了电解定律——法拉第定律,由此带来了电化学的发展。

顺便说一下,法拉第是英国人,在电磁学和电化学领域功勋卓著,也是我最尊敬的学者之一。他对蜡烛燃烧时产生的各种各样的现象作了多角度的解说,《蜡烛的科学》(岩波文库和角川文库等有收藏,现在仍受读者追捧)一书中,也经常有他的介绍。法拉第发现了电磁诱导定律,也就是电动机(马达)的原理。如果说是他建立起了电动技术的基础,大概也不过分。在倡导节能的今天,如果法拉第先生还活着,不知道会想出什么好点子,真想问问他。

电解水时,是从外部施加电压,电能则以氢气和氧气作为化学能储存下来(见图1.6)。与之对应,1967年东大研究室发生的光解水反应,是将外部施加电压改为给氧化钛表面进行光照。此时的光能被氧化钛电极吸收,转变为氢气和氧气的化学能,也就是说发现了光能转换为化学能的体系(光化学转换体系)成为可能。

说到大自然存在的最重要的光化学转换体系,那就是植物叶子表面的光合作用。氧化钛电极表面发生的现象本质就是类似于植物的光合作用,早晨去羽根木公园散步时突然而来的灵感

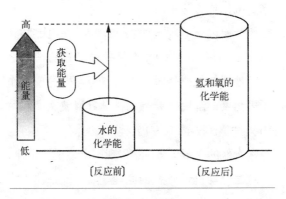

图1.6　水分解过程的化学能变化

正是它！

改变时势的《自然》论文

发现光解水后，最初的论文是用日语写的，后来才用英语写。在学术界，只有将研究成果归纳总结以论文的形式最先发表到专业杂志上，才能作为最新的见解在这个领域被认可。两篇论文分别于1969年和1971年顺利刊登在了专业杂志上。

正好那时，从研究室学长那里听说了国内有"光化学研讨会"，当得知有这样一个研究发表平台，我就立刻以"基于氧化钛的光解水"的题目提交了发表申请。我一边往会场走一边猜想一定反响热烈，结果来听发表的仅10人左右，也没有任何人提问。

在其他的学会，如电化学会、日本化学会、大学的博士论文审查会上，有人说："那种事怎么可能发生"、"你呀，真是缺乏常识啊"、"还是好好学学电化学后再来吧"……如此种种，批判之声不绝于耳。就像我这样，平时接触剑术大人的话，锻炼了一个坚硬的心，还是深受打击。"也许真的是自己错了",难道真的只是自己的主观臆断吗?——不,我反复考虑还是觉得自己的结论是对的。

就在这反复自问自答的日子里,我和本多先生决定给《自然》(Nature)杂志投稿。《自然》杂志想必大家都听说过。《自然》是英国发行的一种综合学术专业杂志,在世界范围内也是很有名的权威论文期刊。例如,X射线的发现,沃森和克里克发现的DNA双重螺旋模型结构等,都是最先将论文发表在《自然》杂志上的。在学术界,如果能在类似《自然》这样的权威学术杂志上发表几篇文章,是一种学术水平的标志。(当然,仅仅论文数量不是绝对的研究评价标准,只不过是一种比较容易理解的量化指标而已)。

像《自然》这样的高水平权威杂志,一般情况下即使投稿,也不会很容易刊登。一些投稿者会经历几次三番退稿、反复修改,大多情况下经过这样反复修改后才最终会被刊登。而且,如果论文的内容不是对科学的本质研究有贡献的话,连送审的机会都不可能。我们经常称之为铜铁论文,就像在一种物质上发现了某种性质,这种性质又在其他物质上也尝试过了。类似这种内容的投稿是不可能接收的。

　　然而，不可思议的是，本多先生和我的那个投稿论文，一次都没有修改就收到了直接刊登的通知。回想1967年发现时激动的那天，已过去了5年，是1972年的事了。想到在国内不被理解，就更添了一层喜悦。那时，我在位于横滨的神奈川大学工学部做讲师，也有了自己的研究室，正愉快地指导毕业生做毕业论文。

搭上能源末班车

　　论文登上《自然》杂志后，首先在国外开始引起反响。也就是那时，1973年的秋天，爆发了第一次石油危机（oil shock）。石油价格高涨，连与原油价格毫无直接关系的厕所草纸都引发了抢购狂潮，社会动荡不安。

　　第一次石油危机，引发了世界范围内对将来替代石油的能源问题的思考，也就是说我们必须考虑如何利用太阳的光和热。因此，在那之前发表在《自然》杂志上的、关于发现光解水的论文在欧洲和美国一下子引起了广泛的关注。

　　与此同时，海外的反响以出口转内销的形式

在日本国内也引起了关注,1974年元旦,《朝日新闻》用头条整版介绍了"太阳——梦想的燃料"/"光照水中的半导体制取氢气"/"日本科学家发现的原理引起瞩目"等(见图1.7)。正是因为这样的报道,光解水也被称为"本多-藤岛效应"。以前受到的那些批判、完全无人问津的事情就像从来没发生过似的,风气一变,连在国内的学会上发表时都听众如潮,人多得甚至走廊都站不下。

确实,氢气燃烧和氧气结合,其产物只有水,这真是梦想的绿色能源。在电动汽车领域开发

图1.7 元旦头版头条报道(1974年1月1日《朝日新闻》)

领先的燃料电池,可进行电解水的逆反应。如果这样,氧气是存在空气中的,那么氢气从何而来就成为有待解决的课题。

如果,可以利用光解水反应,太阳光作为能源的来源可以制取氢气,我们人类就可从能源问题上彻底解放出来,实用化的前景一片光明,因而被寄予厚望也就不足为奇了。

就这样,因为石油危机,我出其不意成为"氢博士"而受到了广泛的关注。从那之后,逢人见到我就问"氢气能制多少了"?逼得我不得不放弃高价的氧化钛单结晶,而采用便宜的容易制作的氧化钛、使之朝着如何更有效率地生产氢的实验方面迈进。制氢实验的情况将在第 3 章详细介绍。实际上,能达到实用化程度的高效取氢是非常困难的,直到现在仍然是世界上的研究课题。

另一方面,就像刚才所说的,与氢气相比,我对生成氧气更感到激动。我在想,植物所进行的光合作用能否更简单地再现呢?(见图 1.8)。叶子上的叶绿素就相当于氧化钛,两者皆是前后自身都不反应,也就是说起到了"催化"的作用。我的直觉告诉我,这是一个非常重要的发现。之

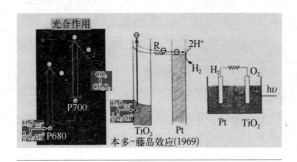

图 1.8　植物的光合反应和氧化钛的光催化反应基本相似

后我就顺着"光催化"的研究方向往前推进。

那么,什么是催化呢? 什么又是光催化呢? 到底是怎么回事,下一章将会作详细介绍。在这之前,我要简要介绍一下 Gerischer 教授和本多健一先生。

两位大恩人

前面已经对 Gerischer 教授作过介绍,他在德国柏林弗里茨哈伯研究所从事半导体电极的研究。他生前与我私交很好。在他 1992 年去世后,德国每隔几年就会举办 Gerischer 研讨会,在 2011 年 6 月举办的研讨会上,我还被邀请作了特别演讲。为了纪念 Gerischer 教授的功绩,还设立了 Gerischer 奖，我很幸运成为第一届获奖者。

我的恩师本多健一先生，多年来一直担任东京工艺大学校长。很遗憾于 2011 年 2 月以 85 岁高龄过世了。

他们两位让我在研究生活中受益良多，是我的大恩人。

第2章
催化和光催化

什么是催化

由于催化反应无法用肉眼看到,可能很难理解。我们暂且粗略地用人和人之间的关系转换一下,看看脑子里会有什么印象。

比如说,这里有性格完全不同的甲和乙两个人。这两个人都非常有个性,正因为如此,这两个人在一起谈不来,也不觉得两个人之间会发生什么有趣的事情。然而,如果这时候正好丙来了,会怎么样呢? 不知为什么,甲和乙都愿意把自己想做的事说给丙听。于是,丙的脑海里就把甲乙两个人说的这呀那的进行排列组合,甲和乙两人听到后,一定会恍然大悟,觉得原来如此。

但凡世间的各种项目,只要是出了一些周围的人都意想不到的成果的,大体上都是有类似丙这样的人的存在才得以成功。这个丙所发挥的就是"催化"的作用。项目成功了，引起世人瞩目，站在聚光灯下接受采访的是甲和乙，丙可以说就是那种在背地里卖力气的无名英雄。项目开始前和项目结束后比较，甲和乙的生活应该会发生翻天覆地的变化。但对于丙，一旦项目结束，还是回到原来的丙，说不定还会上哪儿旅行。因此，所谓催化，可能有点像电影《男人很辛苦》中的男主人公寅叔吧。

前章介绍过，因为发现了氧化钛光照后，水能生成氢气和氧气，让我兴奋不已。我就想，若是反过来，氢气和氧气如果生成水，反应又会如何呢？我试着将氢气和氧气的混合气体放入玻璃容器内加热到200℃，却没有发生任何反应。然而，加入少量的铜以后再进行加热，反应异常迅速，并且有水出来。反应结束，加进去的铜本身却没有发生任何变化。

不过在反应过程中，首先铜会和氧气发生反应生成氧化铜，然后氧化铜和氢发生反应生成水的同时，又恢复为铜，这一循环反复出现，反应速度也很快。

想必现在明白了吧，这种情形下，氧和氢就

相当于甲和乙,铜就相当于丙,发挥着催化剂的作用。在化学的世界里,这种形式下进行的反应就称之为催化反应。就像实验中的铜,反应前后自己本身不发生变化(即使一旦变化也会很快恢复原形,循环往复)。承担着将化学反应的速度向前推进任务的物质就被称为"催化剂"(catalyst)。

如果是合成水,用白金也会发生催化反应。如图2.1所示,这是我和加古里子先生一起写的科普图解《太阳和光催化物语》(偕成社)中所演示的简单实验。氧气和氢气混合并不发生任何反应,但放入白金(铂)后,白金周围的容器内侧就会即刻结上水滴形成一层雾。这是因为氧和氢反应后生成了水。然后,气体减少导致水位上升,也就是说水发生合成反应的过程用肉眼就可看到。

对催化来说,不仅仅是反应速度快捷,有时仅和特定的物质起反应,有时仅对特定的物质产生作用。例如,我们的身体里,分解淀粉和蛋白质的酵素等也发挥着催化作用。还有,化工厂和制药也用到了催化。

催化还被用于清洁汽车排放的尾气,在减少

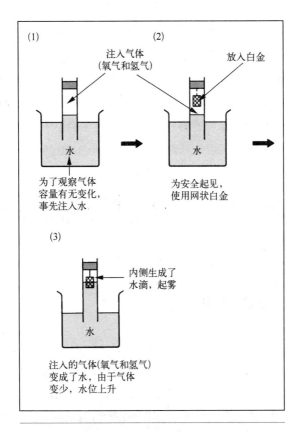

图 2.1 氧气和氢气混合也不发生反应（1），一旦有催化剂（白金），就发生生成水的反应（3）

环境负荷中被广泛应用。本书的主题"光催化"也一样，将在后面的章节详细介绍，清洁空气和水的研究现在正如火如荼地进行着。

新催化剂的开发,也对社会作出了很大的贡献。从氮和氢中制造氨的铁系催化剂的发现,使得氮肥的工业生产成为可能,从而使农作物的产量有了飞跃发展。正因为贡献巨大,氨合成法是由两位发明者的名字而来,被称为哈伯-博施法。两位发明者分别于1918年和1931年获得了诺贝尔化学奖。近年来,日本的诺贝尔化学奖得主野依良治先生(2001年),根岸英一先生/铃木章先生(2010年)的研究课题也都与催化有很大的关系。

什么是光催化

现在,大家对催化的作用有了一个初步的印象了吧?在世界很多地方,即使肉眼看不见,但催化在我们的日常生活中发挥着不可或缺的作用。在催化的同类中,利用吸收光进行化学反应的物质就是光催化剂。

光催化剂的代表性物质,就是第1章介绍"光解水"时作为电极使用的氧化钛,反应前后氧化钛自身完全没有发生任何变化。

植物叶子上的叶绿素,由于受到太阳光照射

进行光合作用，从二氧化碳和水中生成淀粉和氧气，广义上说也可以叫光催化剂，但光催化剂一般还是指由人工合成的光学反应物质。

发现光解水的本多-藤岛效应受到关注后，很多研究人员也开始发表关于光催化的研究论文。特别是近年来，发表了1 000多篇相关的论文，人们了解到了各种各样的物质都具有光催化作用。但不可思议的是，还没有找到一种拥有光催化能力的物质比我最初发现的氧化钛更具实用性。这使我不得不感谢当初在读研究生时鼓起勇气写的那封信带来的运气。

光催化剂的代表性物质——氧化钛

氧化钛具备我们日常生活中可利用的基本条件。也就是说，它是一种像食品添加剂一样无害的、化学性能也很稳定的物质。因此，可以用在与人体直接接触的医疗器具上。更重要的是，由于它的原材料在地球上储藏丰富，因而也能以比较便宜的价格轻易地买到。正是因为拥有如此多的实用性优点，又兼具出色的光催化活性，从发现以来已历经40年，今天它仍然延续着作为光催化代表物质的荣光。

而且，氧化钛在作为光催化剂发挥作用的更早以前，其实就在我们的日常生活中被广泛地使用。日本人1年的氧化钛消费量，平均每人达到2 kg。从某种意义上可以说，氧化钛的使用量，是衡量一个国家文明程度的指标。

那么，到底氧化钛都用于哪些地方呢？如图2.2所示，用得最多的是汽车车体上的白色涂料，约占全体的4成。其次，还用于颜料、墨水、透明塑料、竹浆纸（indian paper）等，为了使字迹不会

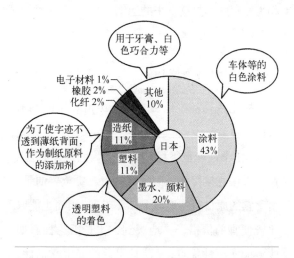

图2.2　氧化钛的各种应用（来源：藤岛昭等著《图解光催化产业概论》，日本效率协会管理中心）

透到很薄的纸张背面,常会在纸张原料中加入氧化钛。其他方面,电容器以及传感器等也会用到氧化钛。在我们日常生活中,牙膏、白巧克力以及防晒霜等也使用了氧化钛。

氧化钛除了光催化剂的用途以外,在别的领域使用时,要想方设法抑制它对光的活性。例如,马路上的护栏几乎都是白色的,其实白色护栏也使用到了氧化钛的白色涂料。大家想想,当你靠着那些护栏时,有白色粉末沾在手上或衣服上吗?这是因为涂料中所含的氧化钛吸收了太阳光后产生活性化,分解了与之接触的部分有机成分黏结剂物质所引起的现象,又被称为粉化现象,因与在黑板上写字的粉笔产生的粉笔灰很像而得名。做涂料时,一般会在氧化钛粉的表面覆盖氧化硅或氧化铝等,就是为了尽可能抑制出现这种现象。

相反,当氧化钛在作为光催化剂使用时,却要尽可能地想方设法提高它对光的活性。但困难的是,如何才能固定光催化剂。普通的有机物黏结剂很容易分解,无法使用。因此,常常会使用难以分解的特氟龙系或无机化合物等黏结剂以及梯度材料等。

氧化钛表面发生的氧化还原反应

不管你用它做什么，氧化钛自身接受光照后吸收能量的性质总是存在的。无论你是想抑制这种特性，还是要提高这种特性，都必须先进行一些深入研究调查，了解它们为什么会产生这种特性？正因为如此，让我们将视点聚焦于它的微观结构，探讨氧化钛的半导体特性吧。当氧化钛表面受到光照时，氧化钛晶体中的电子（e^-）就会被激发到高能量状态（激发态），并产生电子空穴（h^+）（见图2.3）。所谓空穴，就是被激发的电子留下的孔。由于其他电子会依次迁移，犹如带正电子的粒子移动似的，因而被称为"空穴"。

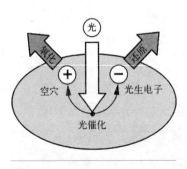

图2.3　氧化钛光催化剂表面发生氧化还原反应示意图（根据触媒学会网站内容制作）

这个空穴（h^+）和光生电子（e^-），与氧化钛表面的某些物质之间，将会分别发生氧化反应和还原反应。这些反应都是对等发生的,所以称为氧化还原反应。无论是氧化反应还是还原反应,不同物质发生反应的难易程度是不同的。例如,比起水氧化生成氧气的反应,酒精等有机物的氧化反应更容易发生。因此,当大气中的氧化钛受到光照时,从水中产生氧气前,氧化钛表面上存在的有机物早就被氧化了。另外,分解水产生氢的反应前,由于氧的还原反应更容易发生,因而溶解在水中的氧被还原。这样,导致环境污染的有机化合物等都被分解,最终生成了二氧化碳。

　　具有这样强有力的氧化分解能力是光催化反应的特征之一。关于氧化分解内容,将在第4章《氧化钛的功能(Ⅰ)》中详细介绍。

光从何而来

　　氧化钛光催化中,氧化钛接受光照后发生的反应使我们知道氧化钛特性的同时,也了解了光的一些性质,并知道如何灵活地运用这些性质。人类自从发明了火以来,还发明火把、蜡烛、电灯、荧光灯、LED灯等各种各样可以发光的东西。可以说,文明就是对黑暗的挑战。善于利用人工光能固然重要,但给地球带来无处不在的光是太阳能。生活在地球上的生物,虽然直接或间接的利用太阳能的程度有些不同,但都是在利用太阳能而活着。植物是直接地利用了光合作用。无法进行光合作用的动物们,则是通过食物链中的食物,结果都是接收太阳能,在维持生命活动。

总之,可以说太阳是生命之源,太阳也是离地球最近的恒星(自身发光的星)。现在我们先离开一下氧化钛光照时的电子运动过程的微观世界,直接以宏观的视野来看看吧。太阳以及围绕太阳运转的行星群被称为太阳系,我们居住的地球也是其中的一员,但太阳系所属的银河系中,和太阳一样的恒星集中了数千亿个。银河系中,太阳只不过是极平常的恒星之一。

太阳的直径是地球的约109倍,质量约为地球的33万倍,地球到太阳的距离大概是 1.5×10^8 km。以光速每秒约 3×10^5 km 计算,太阳发出的光到达地球,大约需要8分20秒。

太阳诞生到现在大约经过了50亿年,大约相当于人类的40多岁,也可以说正好处于太阳一生的转折点。所以,还有50亿年的时间,可以比较稳定地持续发光。如果以人类的时间尺度，可以说，完全不必担心太阳光会消失。这对于没完没了担心这个那个的现代社会来说，是不是稍微可以松口气了呢？

表2.1　构成太阳的主要元素（各原子个数/100万个氢原子）

元　素	个　数	元　素	个　　数
H	1,000,000	Mg	26
He	85,000	S	16
O	660	Ar	63
C	330	Al	2.5
N	91	Ca	2.0
Ne	83	Ni	2.0
Fe	40	Na	1.8
Si	33		

（来源：http://www.keirinkan.com/kori/kori_earth/）

如表2.1所示，太阳的主要成分是氢和氦，在太阳的中心部位氢转化为氦发生核融合反应制造能量。而且，1 s就有4×10^6 t的氢转化为氦。这个能量的大部分都是被称为伽玛线的放射线，竟然要花费100万年的时间才能到达太阳的表面，作为太阳光辐射到宇宙空间。这些认识直到20世纪50,60年代才取得研究进展，现在被称为标准太阳模型。

传送给地球的太阳能总量

太阳辐射到宇宙空间里的能量,有多少能到达地球呢? 大约22亿分之1传送到地球。虽然仅仅只有22亿分之1,但每年到达地球的太阳能却达到155京 kW(1京为1兆的1万倍)。这相当于全人类1年消费的所有能量的1万倍。也就是说,在离我们大约1.5×10^8 km的地方,有一个巨大的裸露的核电站早已经在工作了。图2.4为到达地球的太阳能分布情况。大气层外的太阳能

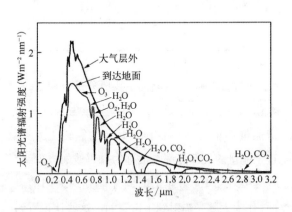

图 2.4 到达地球的太阳能[来源:(AFCRL, 1965), 会田胜著《大气与放射过程——大气热源与放射收支探讨》,东京堂出版]

没有全部到达地表，是因为平流层中的臭氧层等吸收了部分能量。

最近让我感到吃惊的是关于这个太阳能。有时，对于光明一词的含义，突然之间就有所领悟。生活在地球上的人类，每天接受太阳光带来的光明，而这个光明竟然是100万年前在太阳的中心发生的氢核融合反应的产物！这对于一个从事利用太阳能从水中尽可能提取更多的氢气的研究者来说，倍感宇宙的伟大。对这种不可思议的惊讶，就像是瞬间体验到了一种无比的惊奇！

再说，到达地表的太阳能中，将近50%被水的蒸发所消耗，30%作为热能被地表吸收并以红外线的形式辐射到宇宙空间里。还有20%提高了大气温度，其中的4%反射到地面和水面。陆地和大海的植物进行光合作用所消耗的，仅仅只占0.2%。被人类作为食粮和燃料所利用的仅占其中的0.5%。也就是说，从太阳传送的总能量来看，地球仅仅依靠一点微不足道的能量养育生命和进化。

因此，为了保护地球环境，今后如何更加有效地利用太阳能，是发挥科学技术的重要使命之

一，必须更努力地集结人类的智慧。同时，想想
太阳能如此巨大，你也就没必要那么悲观了吧？

光谱和光催化

太阳光的本色可以说是无色透明的白色光，
但透过使用玻璃和水晶等透明材质制造的棱镜
等器具却显示出彩虹的光带。这是艾萨克·牛
顿（1642—1727）发现的。其实，太阳光集中了各
种颜色的光，所以太阳的彩虹光带又被称为太阳
光谱。雨后的天空常常出现的彩虹，在院子里背
朝太阳用水管洒水时出现的彩虹等，都是水发挥
了和棱镜一样的功能，导致了太阳光谱的显现。

太阳光谱所显现出的光的颜色变化，与光波
（电磁波）的性质有关。在大脑里想象一下大海的
波浪也许比较容易理解吧。波浪有的很悠长，有
的只是微波，使它们从量上表现出差异的是波长
（两个相邻的浪头之间的长度）。悠长的浪波长
长，微波的浪波长短，这很好理解吧。太阳光也一
样，有波长短的光，也有波长长的光。它们之间的
不同反映在我们的眼睛里就是不同的颜色。

眼睛所能看见的光（称为可见光）中，波长

最短的光显示出来的是紫色,波长最长的光显示出来的是红色。紫色和红色之间,随着波长的变化显示出彩虹光似的七色(紫、蓝、青、绿、黄、橙、红)。但是,各种颜色的界线并非非常清晰,世界各国对2~8种颜色的表现方法各不相同。如果波长代表可见光的话,大约在400~800 nm之间。

而且,太阳光不仅仅只有人眼能看见的光,无论是波长长的光,还是波长短的光中,都包含着肉眼所不能看见的光。如图2.4所示,横轴代表波长,图中反映了太阳光到达地球的能量和波长的关系。

太阳光中,可以用于氧化钛光催化剂的,是波长为400 nm以下的紫外线。这是由氧化钛的可吸收光的特性所决定的,从太阳光的整体来看非常有限,所以科研人员正在全力研究能从太阳光中可吸收更多可见光的光催化剂。然而另一方面,由于氧化钛不吸收可见光,作为光催化剂可以透明无色,应用在某些产品中是一个很大的优势。

无光不动

由于氧化钛光催化剂所拥有的卓越能力,人

们都希望能充分利用这一技术使之实用化，制造出可供使用的产品。这就遇到一个障碍：有光时光能发挥它绝佳的能力，但无光时怎么办呢？比如：室外的夜间，或者是多云的日子？即使是室内有日光灯，可以有效利用的光源也很少。桌子下面光被遮挡的地方怎么办？这都是现实问题。这些问题不解决，实用化的路就很长。使这些问题一个一个得到解决的，是与我们一起进行研究开发的各厂家的研究技术人员。如果不是他们踏实勤奋的努力，光催化产品恐怕永远都暗无天日。

也正是因为在探求光催化可应用的领域中，触发了不局限于光催化反应，而是和其他技术进行组合，实现在各种不同场合都可利用的发散性设想。这是一条非常崎岖的道路。也正因为如此，产品开发成功后所享受到的乐趣也就更加特别。

量子论的恩惠

这里，我想在介绍光催化的实用化研发之前，也谈谈对我们的研究大有帮助的量子论。

量子论是一种比构成物质的原子更小的、微观世界的物质观。1900年德国的马克斯·普朗克（1858—1947）发表了量子假说之后，经玻尔（1885—1962）、薛定谔（1887—1961）、海森伯格（1901—1967）等天才科学家们的共同努力，量子论得到了飞速的发展，进而推动了20世纪的物理学乃至世界科技整体发展的革命性变化。从计算机的半导体产品开始，差不多所有的电子产品都得益于量子论的恩惠。当然，光催化也不例外。

据说，1900年，普朗克带着儿子在公园里散步时，时不时地思考一个问题，提出了光可能是断断续续地传播和接收这一量子假说的构想。在那之前的牛顿力学的世界里，棒球扔出去后，球以连续的轨迹飞过是一种常识。与之相对的，我们已经知道在比原子更小的微观世界里，粒子进行不连续的运动，也就是说它蹦蹦跳跳地、跳跃式地运动。于是，普朗克认为，光能（E）与非常小的常数（普朗克常数 h）和光的振动数（v，v 与波长成反比）的积成整数（n）倍关系，即 $E = nhv$。

普朗克公式中，光拥有 $E = hv$ 的能量粒子（光量子），而提出光量子假说的是爱因斯坦。现在，$E = h\nu$ 在研究光能转换为化学能的光催化中成为非常重要的公式。

爱因斯坦的光量子假说和光电效应

在普朗克以前的19世纪的物理学界，确立了电磁学的麦克斯韦（1831—1879）等人认为，光的本质是波（电磁波）。但是，如果光是波，就遇到了无法解释的难题。例如，真空中的金属照射了紫外线后，从金属中飞出了电子，这一现象就无法解释。于是，爱因斯坦（1879—1955）在1905年发表那个有名的狭义相对论的前三个月，发表了光量子假说，精彩地解释了19世纪的难题。所谓光量子（光子），只不过是爱因斯坦取的名罢了，其实是一种带有粒子性质的光能的单位。因为这个功绩，爱因斯坦获得了1921年的诺贝尔物理学奖。

爱因斯坦所解释的现象被称为光电效应。即物质在吸收光时由于物质内部的电子吸收能量而发生光传导及光伏发电的一种现象。现在，光传感器、光电二极管、摄影用的胶卷感光剂及复印机的感光鼓等不同的领域都应用了这一现象，太阳电池、光催化也可以称为是某种光电效应。

　　也许大家不知道，相对论对现代人们的生活也发挥着作用呢。例如，汽车导航仪使用的导航系统，虽然是借助人造卫星确定地面的位置，但因为地面的时针和人造卫星上的时针有时间差，导航出来的地面位置误差很大。缩小时间差，使得导航仪的精度提高，就是拜相对论所赐。

　　爱因斯坦为后世不仅留下了光辉的研究业绩，而且还留下了很多精辟的语言。例如："一个人的价值，不是看他获得多少，而是看他付出多少。"

　　还有，他说："从过去中学习，是为了今日的生存，对未来抱有希望。重要的是，不会陷于没有疑问的状态中。"

　　爱因斯坦的话，超越了科学的范畴，超越了不同的时代，成为一种普世价值，教导人们如何生活。我希望今天的年轻人，仔细倾听爱因斯坦的教导，想想未来的希望，知道今天该怎么做。

第3章
先从环境问题
的应用入手

能量转换很难

第1章中已经谈到，1967年，当我还是研究生院的学生时发现了光解水，当初完全不被理解，直到1972年综合学术期刊《自然》杂志刊登，隔年又爆发了第一次石油危机，这才引起了世界的瞩目，最先在欧洲的国际会议上获得好评。"也许今后没有石油也没关系。《自然》杂志上刊登的日本人的文章说，以水为原料，利用太阳光，可以取得绿色能源氢。"从那以后，也是因为这篇论文，开始举办两年一次的关于太阳能化学转换的国际会议。到2010年已经成功举办了18届。

为了回应世人对我们的期待，当时的我们理所当然地像接受了使命一样，开始在室外的太阳光下利用我们的这一方法，进行如何廉价、大量地获取清洁能源——氢能的实验研究。

　　由于要求价格便宜,且量大,在这样的条件下制氢已不可能再使用氧化钛的单晶了。当时的氧化钛单晶虽说是作为钻石的替代品,实际上是作为装饰品已有大量生产。但大量购入用作实验,无论时间上还是成本上都是比较困难的。于是,我们改变策略,将高尔夫球杆上经常用到的金属钛板表面用火焰去烧。这样,钛金属的表面就生成了氧化钛薄膜(见图3.1)。利用这种方法便宜地制作所得到的氧化钛放入约1 m³的容器中,和对电极的白金组合在一起,在太阳光下进行试验(见图3.2)。开始是在我当时供职的神奈川大学工学部的屋顶上,后来移到东京大学的

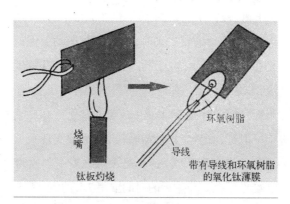

图 3.1　利用燃烧金属钛板制备氧化钛

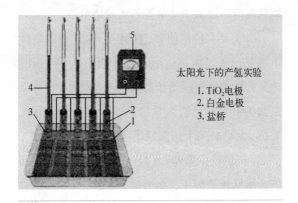

太阳光下的产氢实验

1. TiO₂电极
2. 白金电极
3. 盐桥

图 3.2 太阳光下氧化钛电极表面的产氢实验

本乡校园的工学部 5 号馆的屋顶上继续试验。

实际上,进行分解水试验取氢可不容易。晴朗炎热的夏日,早晨 6 点开始直到晚上 6 点的 12 h 里,取得了约 7 L 的氢。虽然泡很小,但看到泡泡"哇"地涌现出来时,心情非常激动。无论是多云还是下雨的日子,只要有光就会有氢生成,真是很感动。那时,从国外来的客人很多,下雨天打着伞,在屋顶上看生成氢的过程。

但是,如果考虑能源转换,则必须实现大量且高效地制取氢气,那真是没那么容易。这也是难点所在。花一天的时间取得 7 L 的氢,用火柴点燃瞬间即可燃烧殆尽。如果对照太阳光的能源转换效率,计算下来仅 0.3%。主要原因第 2 章已经介绍过,氧化钛可吸收光的波长只限于 400 nm 以下的紫外线。

即便如此,太阳光下光照实验一天能制取大约 10 L 的氢,这已经是非常了不起的反应体系了。这项实验持续进行了一年多。虽然只有一年,外国来的研究人员看到冒出的氢泡还是很吃惊。详细数据发表在 1975 年的美国电气化学学会的论文期刊上。这个时期在本乡校园的屋顶上使用过的小型实验装置,后来几年间一直由学生们在东京大学的 5 月祭上作实验展示。另外,还有好几所高中的文化节上也展示过。即使是现在,如此简单的系统、使用如此便宜的材料,持续 1 年多取氢的情况再也没有出现过。

现在,这套实验系统展示在东京台场的日本未来科学馆和川崎市神奈川科技园的光催化博物馆里。如果有机会,大家也去看看,你自己动手能制得好多氢气泡,体验一下那种激动的心情吧。

转变思维

为了顺应时代的要求,在一段时间里我顶着

"氢博士"的名号潜心致力于氢的生成。简单的实验系统虽然成功了,但能源转换的实用化却深感困难。

但是,这些经验以及在大学的研究室里的发现,让我觉得不能只停留在发表一篇论文就算了,无论以什么形式只要能对社会有用,回馈社会的想法变得非常强烈。现代科学研究的潮流中,人们往往倾向于满足写篇论文,取得专利。说得难听点,有种风潮认为,比起纯粹的学术研究,可能觉得实用化的研究是更低一个档次。但对我来说,在研究的开始阶段就顶着"氢博士"的名号,迫使我不得不认真思考,研究的目的究竟是什么?思量的结果,我认为科学研究的最终目的,就是为全人类的健康和幸福作贡献。我称之为"让所有人都能终其天年所享用的科学技术"。如今,我仍然强烈地认为,理想的研究是与人类的幸福链接。遇到问题总是想,为什么而研究呢?诚然,就像爱因斯坦的例子,100年后才发挥作用也会有的。

我现在担任东京理科大学的校长。第二次世界大战后成为新学制大学的东京理科大学第一任校长本多光太郎先生曾经说过,"产业才是学问的道场"。他不仅这样说,自己还率先推进了产学结合的发展。我认为今后学问与产业的结合非常重要,当校长后这种意识更强烈了。

从上述的经过中,我们了解到了氧化钛拥有分解水的超强能力,但能量转换困难。既然如此,我和研究室的同事们,特别是与桥本和仁先生讨论,能否在其他不同的研究方向试试看。能量转换暂时先放下,转换思路,寻找更新的目标继续做下去。

确定目标在微量物质上

首先设想在取氢制作的氧化钛基板上,有大肠菌 100 万个,它们会如何变化? 100 万个,就是 1×10^6。那么,光子的数量有多少呢? 氧化钛能感受到的光子数,太阳光下是 10^{15} 个 $/m^2$,日光灯下是 10^{12} 个 $/m^2$。1×10^{12} 也就是大肠菌 100 万个增加 100 万倍,这么多应该可以管用了。

刚开始,由于先入为主的缘故,认为利用光催化反应需要很强的光。观察实验结果后,发现光越强效果越差,弱光反而效率更好。也就是说,一次分解很多的东西,可能需要很多的光子。

但类似恶臭这样的只要有微量存在就会带来问题的物质，或者表面慢慢积累的污渍，除去它们弱光就足够了。

正如量子力学告诉我们的，如果波长相同，无论强光还是弱光，1个光子所包含的能量相同。

如图3.3所示是那时思考的概念图。像大肠菌这类只一点点就让人伤脑筋的，或者窗户玻璃上天长日久累积的污渍、烟味等。以这些只要稍有一点就令人不快的物质为目标，制定研究方案，用氧化钛的超强氧化能力将它们分解。之

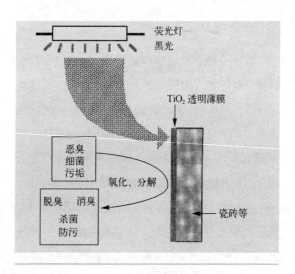

图3.3 对微量就能令人困扰的物质的去除

后，在产业界的很多人的帮助下，这个项目获得了很大的成功，促成了各种产品被持续不断地开发出来。

最初成功地进入产品化的，是拥有杀菌功能的瓷砖的开发。成功的秘诀就在于，将氧化钛变成薄膜，紧贴在瓷砖表面的技术。当初发现光解水的时候，是在水中进行的电极反应。从那以后，世界各国研发出了各种各样的装置系统，如将氧化钛粉末溶入水中使用，黏附在浮在水面的玻璃球上以及螺旋形的反应装置等。

我们的研究小组这次想到的方法，是在类似瓷砖等材料的表面固定很薄的透明薄膜。氧化钛光催化剂和薄膜涂层法不谋而合，思维转换成功！从此加速了我们的实用化研发进程。

在瓷砖和玻璃上涂覆光催化薄膜

所用的氧化钛原材料，就是天然的钛矿石。钛在地球上的储量，在元素中排名第九，储量之大，显而易见。用这些钛的矿物原料就可以制作氧化钛粉末。

我们和瓷砖厂家共同开发，在瓷砖表面涂上

很薄的透明氧化钛。瓷砖上釉后,喷洒含有氧化钛粉末的液体原料,再放在大于800℃的高温下烧制,瓷砖表面就紧贴了一层 1 μm(1 μm = 10^{-6} m)厚的结实的氧化钛薄膜。这样的薄膜坚硬牢固,用一般家庭用的海绵去擦洗,最少10年质量不会发生任何变化。

我们先在实验室里将大肠菌涂抹在瓷砖上照光,很快菌群被全部杀死。第二步,在医院的手术室地板和墙上贴上瓷砖进行试验。平时手术后整个房间都必须消毒,令人吃惊的是,这次细菌都消失了。不仅瓷砖和地板的表面,连手术室空气中浮游的菌群数量也急剧减少,这种状态甚至持续了几个月。仅仅250 lux的微弱的光,就消灭了大肠菌、绿脓菌、MRSA(耐甲氧苯青霉素金黄色葡萄球菌),这些都是连抗生素也无可奈何的细菌。通过这次实验性的施工,我们坚信这个技术是真的,是可以使用的。

正好那一年(1992年),在加拿大的多伦多市召开了第一届氧化钛光催化国际会议。我在会上作了特别演讲。同时还应邀接受了加拿大通讯社和电视台的采访,第二天当地的报纸进行了大张旗鼓地报道。

在瓷砖应用成功后，我们想挑战一下应用到稍微特殊的材料上。说起来已经很久了，为了在长野举办冬季奥运会（1998年），新修了一条高速公路。高速公路隧道内的照明路灯，表面黏附油污，很难保持明亮。每隔3个月或4个月，就要交通管制，定期对路灯的玻璃外罩进行清扫。这样既造成交通拥堵，清扫作业时还有发生事故的危险。如果隧道路灯的玻璃外罩上涂一层透明的氧化钛光催化薄膜，旁边就有光源，几乎不需要日常维护了，危险的清扫作业次数就可大大减少。日本道路公团决定，从那以后新修的高速公路路灯，一律涂上氧化钛光催化（见图3.4）。

图3.4 高速公路隧道内照明灯具罩壳表面的应用

在这些特殊的场合,实践证明确实有效果。推而广之,普通的大楼、住宅也都可以使用,应用范围进一步扩大了。

从除烟味的窗户纸到空气净化器的过滤器

从分解令人困扰的微量物质中,我们想到了利用光催化的氧化能力。后来,又想到恶臭物质也是个不错的目标啊。其中,如果能除去烟味,无论在家里还是在公司,人们的心情不是更舒畅吗?如果能去除抽烟后烟油子残留在墙壁和窗户纸上的黄斑,那就更舒服了。

现在,先将氧化钛渗漉到窗户纸里试试。可是,当光照在窗户纸上的时候,窗户纸变得破破烂烂,实验失败。为什么呢?因为窗户纸自身由于光催化反应而分解了。实验虽然失败了,但证明了光催化的威力存在。于是,想了很多办法,包括改变渗漉方法。终于找到了一种好方法,就是将氧化钛粉末以一定程度聚集在一起的形式渗漉进去比较好。

这样,带有氧化钛的窗户纸制作成功了。但是,除去烟草的烟油子时,与不带氧化钛的普通窗户纸相比,加入了氧化钛的窗户纸反而变得更脏更黄了。难道又失败了? 正沮丧时,看到将光照在上面后,加入了氧化钛的窗户纸当烟油子被分解后又恢复了白色的状态。也就是说,烟油子被吸附分解了。就好比蜘蛛先织网,捕捉到了猎物再把它吃掉。加入了氧化钛的窗户纸上,烟油子被吸附集中起来,光照后被分解。如此一来,我们知道,即使房间里不是所有的窗户纸都加入氧化钛,只要部分采用,就可将烟油子吸附收集起来,通过这样的方法分解也是可行的。这项在窗户纸上的光催化应用实例,现在已在岐阜县的一家造纸公司的百叶窗上实现了产品化,获得了相当的好评。

正巧那时,各家电厂家也在推进空气净化器的产品化,如果将空气净化器的过滤器部分导入光催化,内部加上光源,不就能高效地清洁室内空气吗? 想法得到了推广。实际上这个构想已经产品化,带有光催化功能的空气净化器获得了市场好评。现在连空调中都搭载光催化功能了,甚至连冰箱和吸尘器的过滤器都用到了光催化。

不仅仅是家电行业,类似橡胶厂这样味道比较大的地方,也导入了大型的光催化空气净化器。甚至，大学医学部的有些解剖室，也用光催化来除去福尔马林的臭味。

另外，农业上，为了保持水果蔬菜的新鲜度，一般采用储藏库保管。在这里，我们可以对水果蔬菜挥发出一种叫乙烯的物质进行分解，就可以实现水果和蔬菜的保鲜。为了分解乙烯，我们在储藏库内用了带有光催化过滤器的空气净化器。自从草莓可以保鲜后，农户们都非常高兴。

污染的大气可以清洁吗

我们已经知道，光催化能够清洁狭小空间或室内的空气，那么在室外的大气中如何呢？这个想法自然就浮现出来了。汽车尾气排放出来的氮氧化物（NO_x）污染环境，已经成为全球环境的大问题。我常常想，能否利用氧化钛进行分解，使大气中的氮氧化物浓度下降呢？

基于这个想法，在车道的路面上采用光催化涂层的方法，使人行道的水泥预制板表面附有光催化功能等手段都开始进入实用化。为了治理大气污染，各地的地方自治体都很积极。以地方自治体为主导，正开始在各地的道路上采用该技术,逐步地实施治理。千叶县习志野市的城市道路,已开始氧化钛涂层的施工,东京都内、大阪府内、名古屋市等很多地方也都开始实施了。

就像这样,不仅仅只停留在能源问题上,以灵活的思维,看其技术在哪里立刻能对社会发挥作用,就在那里行动。如此一来,能够与不同行业的企业及行政机关等进行共同的研究开发,使光催化的实用化获得了快速发展。就这样,我们高举"实现光的绿色革命——用光催化营造舒适、安全环境"的旗帜,坚定不移地推进了光催化事业的发展。

超亲水性——氧化钛光催化的另一个功能

在推进光催化净化各种环境的研究中,我们又发现了一个有趣的现象。那就是,如果在镜面上涂上透明的氧化钛涂层,放置在日光灯下,镜子居然不会起雾。即使是洗澡时放在浴室里,也不会起雾。刚发现这个现象的时候,真的是大吃一惊呢。

开始我们猜测,可能是超强的氧化能力造成的,或者是油污自动分解了等。实际上我们了解到它的反应机理是不同的。就是说，玻璃上的水滴没有凝结成水珠，而是朝着一面濡湿蔓延，所以镜子才处于不会起雾的状态。

我们把这种现象取名为超亲水性。1997年，再次在《自然》杂志上成功发表了论文。关于超亲水性的话题，将在第5章《氧化钛的功能（Ⅱ）》中作详细介绍。

发现这个现象后，很快就进入了实用化阶段。现在以丰田汽车的新车为首，各种汽车的侧后视镜上都采用了这项技术。在侧后视镜的表面涂上一层透明的氧化钛涂层，下雨天镜子不会起雾，看得非常清楚，可确保安全驾驶。随着实用化的成功，找到了在黑暗的地方也能持续发挥效果的方法。并且，通过超亲水性和氧化分解能力相结合，发明了可自动清除污渍的住宅用建材。我们把这种现象称为自清洁效应。氧化分解能力在慢慢分解黏附的污渍时，即使是遇到像油污这样顽固的污渍，下雨的时候由于超亲水性效应，雨水进入污渍后也会将其冲洗干净，结果住宅及大楼的外墙、玻璃等自行地始终保持干净的状态。

高层大楼窗户外侧玻璃的清扫作业是一项

极危险的活儿,减少这样的危险作业,正是忠实地实现了我们所倡导的理念:"光催化是为营造舒适安全的环境而生的。"

光催化的实用例,如图3.5所示,对整体进行了俯瞰性地概括总结,哪些领域得到应用发展一目了然。接下来的第4章和第5章将详细介绍氧化分解能力和超亲水性这两个功能。本书的后半部分将介绍具体的研究开发成功事例以及今后的展望及课题。

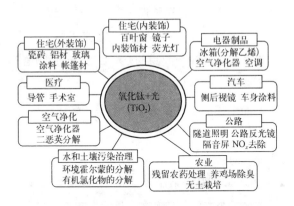

图 3.5 光催化的主要应用领域

第4章
氧化钛的功能
（I）

有色水的颜色消失了

　　为了感受氧化钛超强能力，让我们先做个实验吧。这项实验，在绘本作家、也是工学博士加古里子先生和我一起写的《太阳和光催化物语》中也登场过，对科学绘本感兴趣的人可以找来看看。如果你能将这本书读给弟弟妹妹或你身边的小孩子们听，对加古先生和我来说，没有比这更令人高兴的事了。

　　那么，到底是个什么实验呢？首先准备两个透明的玻璃杯，将渗漉过氧化钛的布皱折起来，放进一只杯子里。然后，将溶入了蓝色墨水的水同时倒进两只杯子里。为了防止垃圾掉入，将两只杯子的口用薄膜封上，放在太阳光能照到的地方。1个小时后去看，真是不可思议！加入了氧化钛布的杯子，水中的蓝色墨水的颜色消失了。而另一只没有放氧化钛布的杯子中，和1个小时前没有任何变化，还是蓝色墨水的颜色。

这是非常简单的实验，像这样将两种物质做比较的实验称为对照实验，在科学研究中是重要的基础性实验。在对照实验中，将希望比较的事物放在一起进行比较，在其他条件全部相同的情况下，得出的结论才是可信的。在这项蓝色墨水的实验中，两只玻璃杯唯一不同之处就是是否放入了带有氧化钛的布，其他条件均一样。也就是说，都倒入了相同的蓝色墨水，都照了1个小时的太阳光。因此，当带有氧化钛的布受到光照，墨水的颜色消失就很明显。如果，真的怀疑太阳光是否有必要，那么应该做什么实验呢？这次，将两只玻璃杯里都放入带有氧化钛的布，只给其中一只玻璃杯照光，另一只以相同的时间放在黑暗的地方就行了。

根据类似这样的对照实验中获得的实验结果，往往会推断出新的科学见解。无论在大学的研究室里还是其他的研究所里，研究者们总是做这样的对照实验。做什么样的对照实验，才能获得有趣的结果呢？可以说，这是研究者们每天绞尽脑汁思考的问题。

对事物进行客观比较的视点，不仅限于科学研究，我认为在很多场合都很重要。在人际关系中，虽然常常被教导，不要和他人比较。但冷静地进行比较后，对"不同"有了认识，并能尊重自己和他人的不同，使每个人都能发挥自己的个性，这是不是也很重要呢？

从蓝色墨水实验中，我们了解到氧化钛拥有能使蓝色墨水褪色的能力。那个能力是如何发生的呢？下面我们就来看看它的反应机理。通过了解氧化钛的"个性"，发挥它的个性特长，它就能大显身手，一些问题也就自然而然地解决了。

什么是氧化分解

正如在第2章中已经谈到过的，氧化钛是一种实用性很强的优质光催化剂。氧化钛是因光产生活性的一种半导体，当用波长在400 nm以下的光照射时，氧化钛晶体中的某些电子处于高能量状态（激发状态），产生空穴（hole），如图2.3所示。

氧化钛的最大特征是,比起激发状态的电子所带的还原能力,空穴所带的氧化能力更强。一般水处理使用的氯和过氧化氢,都有超过臭氧的氧化能力。氧化钛表面只要存在有机化合物,氧化反应就会持续不断进行,最终分解成二氧化碳和水。这个过程被称为氧化分解。

可以认为,伴随氧化反应而进行的还原反应中,空气中的氧被激发电子还原后,短时间内会产生活性氧,但遇到表面的有机物时,这些活性氧也有助于有机物的分解。

在蓝色墨水实验中,对带有氧化钛布的玻璃杯进行光照后墨水的颜色消失了,这时发生的现象,正是氧化分解的过程。蓝色墨水中的色素分子被逐一分解,所以水变得透明了。

氧化钛的表面如果有乙醛、甲基硫醇(methyl mercaptan)等散发恶臭的物质,或者抽烟后的烟油子和油污等污渍,也一样被氧化分解。而且,可以确定的是,只要日光灯那样微弱的光源就能发挥有效的作用。这是因为氧化钛在光催化反应中是以吸收量子化的光子形式来利用光能的。

只要是波长相同的光,无论强光还是弱光,每个光子所拥有的能量都是相同的。氧化钛光催化反应中所使用的是波长为400 nm以下的光子,如果将这种光子所拥有的能量换算成热能,大约相当于30 000 K的能量。

所以,无论在多么微弱的光下,氧化钛的表面都会发生约30 000 K的化学反应。在如此高的温度下,有机物燃烧后,都化成了二氧化碳和水。当然,并不是氧化钛的表面真的形成了如此高的温度。打个比方,就像把点燃的火柴棒扔进有水的游泳池。火柴棒入水的瞬间马上熄灭了,游泳池的水温基本不会升高。如果火柴棒熄灭前偶然间正好有只虫子碰到了火,虫子立刻就会被烧死。光催化反应时也一样,几乎不会有温度上升,最多只是它的光子发生反应! 如图4.1所示。

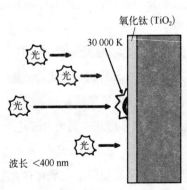

图 4.1 基于光子能量所致的化学反应

氧化分解如何分解

氧化钛光催化剂既然拥有如此超强的氧化分解能力，那么如何利用这个能力净化环境呢？这是正在努力推进的事情。具体做法是，利用氧化钛的氧化能力分解去除导致我们周围的空气和水污染的根源物质（环境污染物）。

光催化净化空气的方法，大致可以分为以下三种：

（1）在空气净化器中嵌入光催化的方法。该方法其实已经活跃在我们身边的很多产品中。利用嵌入了光催化剂的空气净化器分解和去除的目标污染物可以涉及很多方面。主要有污垢、灰尘、抽烟的烟雾、恶臭、流行性感冒病毒、细菌、挥发性有机化合物等。在这之前的普通空气净化器，虽然也可以使用过滤器捕捉这些物质，将之去除，但嵌入了光催化剂的空气净化器，使用过滤器捕捉到这些物质后还可进一步将它们分解。因此，不必担心病毒和细菌等在过滤器内进行繁殖，可有效防止二次污染。

（2）在室内的壁纸和天花板等装修材料的表

面覆盖氧化钛的方法。该方法主要针对的对象是挥发性有机化合物（以下称VOC）的分解、去除。VOC的主要物质包括乙醛、二甲苯、甲苯、苯等以及从建材涂料中挥发到空气中的对人体有害的物质。搬进新居后，引起的头痛、头晕等令人不快的症状，即所谓的病态居室症候群（Sick House Syndrome），其祸首就来自这些物质。在室内利用光催化，需要尽可能使用可见光，位于窗户的百叶窗及窗帘等太阳光能照射的地方，光催化也是可以使用的。使用渗漉氧化钛的和纸做百叶窗受到用户好评，就是最好的例子（见图4.2）。

（3）室外的建筑物墙壁以及道路的表面等覆盖氧化钛的方法，主要适用于道路所用的基材。其目的是，防止汽车排放的尾气中所含的氮氧化物（以下称NO_x）在大气中扩散。NO_x的问题在于，它是产生酸雨和化学雾霾的主要物质之一。利用光催化的能力去氧化NO_x，可以防止其在大气中扩散。在日本，已经开发出了性能很好的可以除去NO_x的光催化瓷砖了。最近在欧洲，特别是在意大利和法国，很盛行在水泥的表面黏附氧化钛光催化剂去除NO_x的技术开发，因为欧洲比

图 4.2　渗漉氧化钛的和纸做成的百叶窗，也不仅限于普通住宅使用［来源：MOCZA Corporation］

日本的柴油汽车更多，大气中的 NO_x 浓度更高。

（2）和（3）中，在空气净化取得效果的同时，人们希望黏附在表面的污渍也能慢慢被分解掉。

利用光催化净化水的研究也很盛行。现在的水处理，主要采用臭氧和氯气等。我们知道，使用这些方法无法去除有机化合物。我们可以利用光催化的超强氧化能力将其进行分解和去除。例如，若将该技术用于治理流经我家附近的多摩川污染，水中所含的微量有机物被分解后，河水变清，效果明显。

但是，现实问题在于，利用光催化处理像多摩川这样体量很大的水是很困难的。为什么？因为水中所含的微量污染物必须吸附在氧化钛表面，且能照射到光。

可见，利用光催化净化水的技术，要想广泛地实用化还有很多未解决的课题，还处于发展阶段。但是，全球对水的净化技术需求强烈。特别是像中国，由于工业的快速发展导致水资源不足，以及工业废水的排放处理等问题尤其严重，对利用光催化进行水处理的技术很是期待。

如果是有限的水量，譬如用于温室中的液体栽培，将循环水中的有机废物去除等，光催化技术是合适可行的。类似的，还有大型空调冷却塔的循环水净化系统。再比如，对于中国广州市的地铁站，Dowe Ⅱ公司愿极力使用这项技术，希望不仅能去除污染的冷却水，连禽流感病毒也一并去除。

光催化最初的课题是净化身边的环境，即抗菌、杀菌效果。前面已经阐述过，由于光催化的氧化分解能力，破坏了细菌表面的保护膜，从而消灭细菌。同时分解、去除细菌的尸体。医院手术室的地板及墙壁进行光催化瓷砖施工后，不仅瓷砖表面，连手术室空气中浮游的细菌数量都大幅减少了。不管哪种细菌都有同样的效果，因此可以认为，光催化技术也能适用于医疗器具的抗菌。甚至，我们通过和医学部的老师们共同合作研究，利用光催化杀死癌细胞也已取得效果，使得光催化也有可能应用在癌症治疗上。

由于光催化在医疗领域内被公认具有杀菌效果，使得涉及的产品范围进一步扩展。护理设备方面，一般市面上贩卖的抗菌产品都采用了光催化。例如，光催化抗菌口罩、抗菌工作服、抗菌自动铅笔等。不过，在这些领域，是否真的有效果？值得怀疑的产品也出现过。

2006年，JIS（日本工业规格）制定了光催化的抗菌性评价标准。也许今后只有真的有效果的产品才能保留下来吧。不仅限于光催化，在世间被广泛使用的功能性产品，造假是不可原谅的，这点很重要。在后面会详细介绍，我们也积极参与制定ISO（国际标准化机构）标准，希望日本的标准能够成为世界的标准。关于这点会在第10章详细介绍。

第5章
氧化钛的功能
（Ⅱ）

热气也不会使镜面起雾

大家在洗澡时，一定遇到过浴室的镜子因为热气蒙上一层雾的情况吧？还有，下雨天乘车时，门镜上起了一层雾，你的爸爸妈妈开车时说过看不见后面好紧张的话吧？如果碰到那种情况，请贴上光催化透明薄膜。用了这项技术，浴室的镜子也看得清楚了，下雨天开车也能做到安全驾驶（见图5.1和图5.2）。

图 5.1　不起雾的
镜子（右侧）

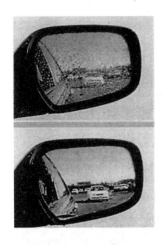

图 5.2 雨天也看得很
清晰的后视镜（下图）

在解释这个现象之前，让我们先想一想镜子
为什么会起雾？如果仔细观察附着在镜面上的
热气，你会发现它们是由很多很多的小水滴构成
的。这个水滴就是起雾的原因。就像看见天空
的云都是白色的，那只是因为水滴在光的不规则
反射作用下看起来是白的。那么，为什么表面会
形成水滴呢？

水附着在物体表面的形态，大致可分三大类
（见图5.3）。水的依附形式不同，主要取决于水
和表面的接触角度，称之为接触角。当角度大于
90°时，由于表面的憎水性质，水呈现出圆形，这
种性质称为憎水性。大家见过荷叶上的水珠圆

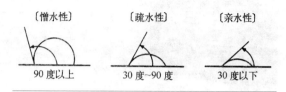

图 5.3　物体表面水附着的不同状态

滚滚的样子吧。荷叶的表面与水的接触角大约在150°，所以有相当强的憎水性。

如果接触角小于30°，水就不可能成圆形，而是和表面融合后濡湿一片。这种性质称为亲水性。当接触角位于30°到90°之间时，水和表面不会融合，称为疏水性。

一般的浴室镜子或汽车的门镜的表面要么是憎水性、要么是疏水性的，所以热气或下雨时候的水分就在表面形成水滴，从而导致起雾。

那么，贴上了光催化薄膜后不会起雾的镜子表面又如何呢？测量一下和水的接触角，接触角在10°以下。水无法形成水滴，而是形成一层薄膜和表面一样濡湿扩散了。一般情况下接触角在30°称为亲水性，但是，若亲水性程度更强，甚至达到0°时，我们称这种现象为超亲水性。

什么是超亲水性

当初，刚开始研究不起雾的表面时，我们研究小组考虑的是，如果在镜子的表面覆盖一层透明的氧化钛薄膜，利用它的超强氧化能力去除油污、清洁表面，这样镜子大概就不会起雾了吧。虽然实验确实做到了使表面不起雾，但继续研究下去后发现，氧化钛的表面拥有更独特的性质，水和油都很容易融合。这个现象发表在《自然》杂志（1977年），从此以后，我们和大型住宅机械设备的厂家TOTO的开发人员一起，取得了这项研究和开发的专利权，2006年获得了恩赐发明奖（由天皇颁发的发明奖）。

这个反应的机理和我们当初预想的不太一样。虽然还有些不清楚的地方，研究也还在持续，但并不是当初考虑到的表面的油污氧化分解造成的，而是光照射后氧化钛表面的微小构造发生变化，形成了一种水和油都很容易融合的表面。就这样，当持续进行光照时，则发生这种融合现象，当停止光照（转移到黑暗的地方）后，又重新回到了很难融水的疏水性表面。

氧化钛表面和光的关系非常独特,其反应机理作为研究课题兴趣盎然,若考虑用于产品的实用化上,不得不想办法解决在没有光的场所时表面的稳定性问题。

解决表面稳定性问题的一个办法就是氧化钛和硅石的搭配组合法。硅石就是二氧化硅(SiO_2),它和氧化钛一样是被认可的可以作为食品添加剂使用的物质。化妆品、药品、工业用品中也被广泛使用。将二氧化硅和氧化钛进行组合搭配,也就是仅仅将氧化钛所持有的超亲水性与二氧化硅进行组合。如此,黑暗的地方放置60 h也不会起雾。

这是发挥二氧化硅特性的应用。二氧化硅作为干燥剂被广泛使用的同时,它还有保湿的特性,和氧化钛组合后没有光照时也能维持超亲水性。

室外能够长时间维持超亲水性的技术,现在除了氧化钛+二氧化硅以外还没有发现别的有效方法。因此,和TOTO公司共同发现的这个现象并进入实用化阶段,其速度可以说是令人瞠目结舌的,眨眼之间数不清的产品就实现了商品化。

哪些领域可以应用

　　首先实用化的是汽车两侧的后视镜。刚才谈到过，加入二氧化硅后，在黑暗的车库里放置60 h仍然能维持超亲水性。国内各汽车厂家的新车上，很多都导入了这项技术，国外的厂家也有的开始采用了。

　　近年来，国内的交通事故数量正逐年减少，下雨天车两侧的后视镜也不会起雾，我想对安全驾驶也算作出了一点贡献吧。设在道路转弯处的凸面镜等也采用了这项技术。今后随着类似的实用化项目不断增加，希望能对交通安全发挥更大的作用。

　　在光学和医学领域，这一技术可以应用的场所很多，如不会起雾的镜片及器具等。

　　如果将氧化钛的氧化分解能力和超亲水性效果并用，高层大楼的外墙和窗户玻璃、帐篷材料等就可以利用日光和雨水自然地保持清洁。我们把这种效果称为自清洁。此时，慢慢累积在表面的油污被超强的氧化能力分解、去除［见图5.4（1）］。很多的油污可能会暂时黏附在表

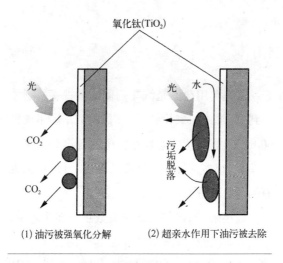

图 5.4　光催化的自清洁作用原理

面,但一旦下雨,雨水的超亲水性效果使之形成水膜,进入油污和表面的缝隙。于是,油污会浮起来,和雨水一起被冲走[见图5.4(2)]。台风等强风雨的时候,这种效果更加明显。

　　我最近经常受邀去小学上课,经常让小学生们做这个自清洁实验。大家都很开心地做着实验,也很积极地提问(见图5.5)。这是我最开心的时刻。

　　由于光催化的自清洁效果,能使物质表面依靠太阳光和雨水就能保持清洁状态,因此被广泛

图5.5 作者在小学校上课

应用于建筑物的外墙材料、高层大楼的窗户玻璃、类似东京巨蛋的帐篷材料（tent）、道路隔音墙、标识等各种室外建筑物上。即使不使用清洗剂和自来水也总是保持清洁状态，不仅减少了建筑物的维护费，又保护了环境，被人们评价为一项既环保又节能的技术。

环境和能源问题，是现在科学家们最优先考虑的问题。在这样的时代，自清洁建材可以说是光催化应用发展最快的领域。不仅日本，亚洲、美国、欧洲各国等世界上很多地方都开始使用这项技术，下一章将作详细介绍。

第 6 章
不会脏的房子

我家的房子

前一章已经介绍过了，由于光催化的自清洁效应，只要有太阳光和雨水就可以使窗户玻璃和墙壁的表面保持干净，这一效果被广泛应用到各种各样的建筑物上。在普通家用住宅上的应用，我家的房子是最先使用的。

图6.1是我家实际应用光催化装修的房子。我家的房子，在本书开头也介绍过的，是一幢三层的钢筋水泥土建筑，是我自己设计建造的。由于靠近多摩川，沿岸的风很大，外墙很容易脏，大体上3~4年就需要把外墙重新粉刷一遍。10多年前，又到了需要粉刷的日子，在那之前都是粉刷普通的白色涂料，当时正好我们的光催化涂覆的研究开发有了进展，于是光催化油漆的试用品

图 6.1　作者望着自家外墙表面光催化涂覆施工

就先拿我的房子做实验了。

　　光催化涂覆的开发是一项非常困难的课题。之前已经讲过，氧化钛具有非常强的氧化分解能力。如果就那么涂抹上去，墙壁的表面肯定变得坑坑洼洼，所以需要采取预防对策。还有，光催化产品必须是普通的粉刷匠都会使用的性能稳定的产品。千辛万苦，试用品终于搞出来了。厂家的人说："得找一个可以实际粉刷的地方，观察变化的过程。"我一听，就说："那就在我家的房子上试试看吧。"如此这般，我家的房子成了世界上首例使用光催化粉刷的普通住宅。

那是很热的7月份。由于是三层的房子，还搭了脚手架。几个粉刷匠，先给房子涂上透明的二氧化硅保护层，这是为了保护普通的白色涂料不被氧化钛氧化分解。先涂上一层，干燥后再涂上氧化钛光催化剂。这样，墙壁上就覆盖了两层透明的二氧化硅和氧化钛的薄膜。我很担心，一直看着。过了几天，粉刷完后脚手架也拆了，工人们回去了。

2~3周过后。发生了什么呢？墙壁上出现了污渍，有的像一根筋，有的像长方形。过了两个月，污渍更引人注目了。哪些地方脏了呢？脚手架立脚的地方，当初这些地方忘记了粉刷。现在终于明白了，如果忘记了粉刷，忘记的地方污渍就会很明显。

厂家的人来看，我跟他说："有部分地方出现了污渍。"他说糟糕，然后重新找人来粉刷。最后，把所有的粉刷斑点彻底去除，花了半年的时间。这是世界上的首次试验，发生这样的事情也是情有可原。

一年后，我相信实验成功了。直到现在，很多人来看过。电视、报纸也都报道过了。甚至有光催化旅游团坐着大型观光巴士来看。很多人对光催化涂装的效果有了实际感受，现在这样的涂装已经很普及了。

我自己也经常观察。特别是大雨过后就会变得很干净，亲身体会到了光催化的超亲水性带来的自清洁效果。但是，对我来说更高兴的是，不仅是自己家的房子从此不会脏了，而是第4章中讲过的，大气中的氮氧化物、汽车尾气排放出来的有害物质通过光催化的氧化分解变得无害化了。简单地说，在自己家的房子保持清洁的同时，周围的空气也变干净了，这才是最重要的。

我家的房子，是直接在钢筋混凝土的墙壁上涂上白色的涂料，所以是在现场施工的。如果是外墙用的瓷砖，可以事先在工厂里进行光催化涂层。一家大型开发商的人跟我说，他们公司每年大概要做7 000~8 000幢房子，80%~90%都使用了光催化瓷砖。

例如，埼玉县有一个叫美乡的住宅小区，所有的墙壁都使用了光催化瓷砖。住宅建成后物业管理费节约了不少，多少也算是一项让住户们高兴的技术吧。

高层大楼的外墙和窗户玻璃

外墙用的光催化瓷砖，不仅住宅，东京都中

心的高楼也在使用。说起来已经是很久以前的
事了,2002年竣工的东京火车站前的丸大厦六楼
以下的外墙都使用了光催化瓷砖。位于品川的
Shinagawa East One tower 和位于横滨 Minato Mirai
的 M.M.TOWERS 等高层建筑的外墙全部使用了
光催化墙砖,这样的应用实例正在全国推广。

　　高层大厦的窗户玻璃上也开始应用了(见
图 6.2)。由于可以减少危险的高空清扫作业,这
项技术可以称得上是人命关天的重要技术。在
玻璃上的应用,最初是用于高速公路隧道内的路
灯玻璃灯罩上。高速公路上的清洁作业直接关
系到高速作业人员的安全。因为汽车尾气中的

图 6.2　高层建筑(松
下东京汐留大厦)玻璃
窗上的应用实例(照片
来源:松下公司)

黑烟使得路灯变暗，经常不得不由人用手去擦洗。虽然光催化研究的最初目的不是这个，但结果很好，物体表面不会脏、镜面不会起雾，直接关系到驾驶安全，提高了光催化技术的附加价值。

　　窗户玻璃方面，建筑物的室内玻璃上也可以使用。例如，用于观景浴场的窗户玻璃等。窗户不会起雾，室外的景色尽收眼底，对于揽客竞争激烈的酒店和温泉旅馆等场所，若是导入这样的技术，也算是招揽客人的一大优势吧。还有，2005 年爱知世界博览会开幕前，先行开通的中部国际机场（见图 6.3），面向跑道的约 20 000 m^2 的玻璃窗上就开始使用了，现在北九州机场也用上了。

图 6.3　作者在用了光催化涂覆技术的中部国际机场玻璃窗前的留影

高速公路的隔音墙

不仅仅是高楼和住宅以外的建筑物，只要是室外容易脏的地方，如果使用光催化技术，就能自然地保持干净。高速公路，也是眼睛能看见的容易脏的地方之一。首都高速等城市高速公路上，为了减少汽车噪声，道路两侧都设置了隔音墙。本来是用透明的高分子树脂聚碳酸酯（polycarbonate）做的，开车时外侧的景色都能看见，但汽车排放的尾气很快就将其变得油污漆黑。

于是，在透明的聚碳酸酯隔音墙上涂上光催化剂，使得油污不容易黏附上去，这样开车时视线可以远眺，不会有压迫感，在高速公路上行驶时也心情舒畅了。使用时，需要将无机物氧化钛巧妙地黏结在有机物聚碳酸酯的分子表面。图6.4显示了梯度型黏结技术的精髓。黏结层中，聚碳酸酯的有机成分与氧化钛的无机成分有效地黏结在一起。因此，采用光催化自清洁效应保持干净的隔音墙也在不断增加。

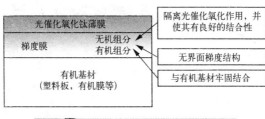

图 6.4　梯度型黏结技术（上）在隔音墙中的应用例（下）

帐篷材料的屋顶

建筑用的外装材料,除了瓷砖也开始应用到帐篷材料上。如图6.5所示,使用了光催化的帐篷材料和普通的帐篷材料一起放在室外,进行比较实验。这个实验装置放在川崎市的光催化博物馆里,随时都可以参观。

帐篷材料有大有小,有东京巨蛋那样的大型

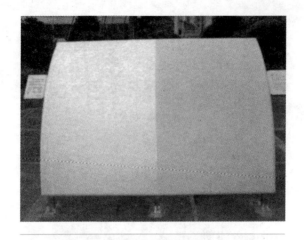

图 6.5　光催化博物馆中的帐篷材料对比实验

建筑物，也有仓库、网球场大小的，应用范围很广。也许是它流动型的曲线容易给人留下印象吧，博览会上的展示馆经常用到它。帐篷材料一般都是结实的特氟龙材料制成，但很容易脏，建成已有20多年的东京巨蛋，你走近看看非常脏了。

　　如果在帐篷材料的表面覆盖一层光催化透明薄膜，就不会有这么脏了。从筑波特快的筑波站开始，已经有很多车站采用了带光催化功能的帐篷材料。还有东急东横线的元住吉站、田园都市线的二子玉川站和高津站等站台的屋顶、成田机场第一航站楼的屋顶等, 大家身边的很多公共设施都在广泛使用。

光催化应用到帐篷材料上时, 除了美观上的耐脏优势以外, 还有一些附加的效果。体育馆、仓库、室内网球场等地方如果使用具有光催化功能的帐篷材料, 不仅建筑物内部透光性好, 空间明亮, 而且还能节省照明用电, 节省能源成本。而且到了夏天, 太阳的光热向外侧反射, 能降低室内温度, 减少使用空调的时间。由于明亮和清凉, 带来节电、省能源这些优点, 所以现在设在宾馆里的运动场馆等地方也都在使用。

除帐篷材料以外, 城市里的一些标识牌和广告牌等需要保持清洁的地方也在利用光催化。例如, 川崎市的高津区政府的标识牌, 贩卖眼镜及隐形眼镜的连锁店 MEGANE DRUG 广告牌也都采用这项技术。

上海世博会上大显身手

2010年, 上海举办了世界博览会。入场人数达到创纪录的7 000万人。如此大规模的活动, 世博会展馆上使用的帐篷材料也不尽其数。日

图6.6　上海世博会中多个建筑物使用了光催化技术，中国的航空馆是其中之一

本的老字号帐篷制造商在各国的展馆建设中立下汗马功劳。日本政府出展的日本馆，继爱知世博会之后，继续采用了光催化技术。聚集了薄膜太阳能电池等日本高端技术的日本馆，作为节能环保型展馆受到了高度评价。在世博会上，中国政府出展的航空馆也使用了光催化技术，航空馆蓝天白云的独特设计，在整个会展期间一直保持着干净的白色（见图6.6）。

中国从很久以前就开始热衷于光催化的研究。以上海世博会为契机，使用更加广泛了。天安门广场旁边的中国大剧院，也使用了氧化钛光催化技术。还有，不断兴建的超高层大楼中，表面全覆盖光催化的大楼也登场了。

向世界扩展

光催化从原理到应用开发，虽然是我们先行研究开发出来，日本独有的技术，但实用化的浪潮最近已波及世界范围。瓷砖和帐篷材料等建筑材料领域，日本的企业在国外开展的项目也在不断增加。

例如，法国的国立美术文化中心——世界著名的蓬皮杜美术馆，2010年完成的蓬皮杜美术馆分馆，就是使用了日本企业开发的具有光催化功能帐篷材料的大型膜结构设施。设施因从设计阶段就有日本建筑家的参与而成为话题。德国的家电厂商梅斯(Mets)大厦、位于美国达拉斯的美国足球场、中东的一些板球运动场和综合竞技场等，这些巨大的建筑物的屋顶都采用了光催化技术。

另外，位于埃及吉萨高地的大金字塔现正在吉村作治先生的带领下进行发掘工作，设立在发掘现场的帐篷也使用了光催化技术，由于控制了帐篷内的温度，提高了发掘效率，为推进发掘工作作出了贡献。

另一方面，国外的一些大型企业，要么独自开发，要么导入日本的技术，积极开发新产品，已经有很多贴近各国生活方式的产品问世了。在美国，大型玻璃厂商PPG，听说他们CEO家的书房天花板也导入了光催化技术，这家公司的广告，是面向那些希望家里的玻璃窗总是保持干净的美国主妇的，主妇只要从家里拉出一根水管对着玻璃窗浇浇水就干净了，这样的PR倒是很符合美国的国情。在日本，你无法想象拉一根水管直接对着窗户浇水。

在英国，皮尔金顿玻璃公司（Pilkington）也在大力宣传自清洁玻璃。在法国，卢浮宫美术馆入口的金字塔形建筑物的玻璃上也采用了光催化技术（见图6.7）。保加利亚、荷兰、斯洛伐克、德国等，也开始建造带有光催化功能瓷砖的大

图6.7　光催化的建筑物应用实例：巴黎卢浮宫美术馆入口处的金字塔形玻璃

楼。在意大利的罗马,白色的教堂外墙上也使用了光催化技术。

　　意大利水泥公司,是欧洲最大的水泥生产厂家。这家公司的网站上,正大力推广光催化水泥,通过在水泥的表面黏附光催化剂,可分解大气中的氮氧化物,净化空气。详细内容将在下一章介绍。

第7章
空气变清新了

　　光催化技术在净化空气的应用领域正在不断增加。要想使空气净化，就需要将空气中飘浮的带异味的物质以及对人体带来不良影响的有害物质、细菌和病毒等去除。从应用光催化研究的进展来看，发挥光催化强大的氧化分解能力，可以说正是它独特之处。现在就在大家的身边，或者未来你将会相遇的某个场所，就有光催化活跃的身影。下面就来介绍一下。

去除烟味儿

　　图7.1（左）是新干线 N700 系的典型车型，主要运行区间为东京—博多之间。这辆车上现在全面禁烟。那么，想抽烟的人怎么办？问题就来了，我们想到的是划分无烟区（分烟）。不仅要防

止不抽烟的人被动吸烟,吸烟的人自身也希望在一个舒适的环境里度过一段美妙的时间,提供这样一个大家都愉快的环境是专业的铁路公司的义务。当今,铁路正成为其他交通工具有力的竞争对手,力争从服务上竞争胜出。因此,给吸烟和不吸烟的人都能创造一个舒适的移动空间就显得更为重要。

如图7.1(左)所示,在N700系"希望号"上,每个列车的连廊位置处设置4个吸烟位置,可以容纳4个人吸烟。在吸烟位置的头顶上安装光催化空气净化器。图7.1(右)就是一个安装实例图。这种空气净化器,是在陶瓷过滤器上涂覆氧化钛,再加上2个光源。为了使乘车的人在车内不易发现,特地安装在头顶上。这辆车从开始运行至今

图7.1　新干线"希望号"N700系（左图）以及车厢内安装的光催化空气净化器(右图)（来源: 左图, JR东海; 右图, KAST）

已好几年了,从来没有听说有人因为烟味提意见。

现在有很多厂家制作光催化空气净化器。从家用的到专业应用的,种类繁多。家用电器商店里贩卖的普通家用的,仅一个机型就卖出了100多万台。

表7.1 光催化空气净化器的不同适用场所

低浓度臭气环境	高浓度臭气环境
医院	研究所(动物实验)
福祉设施	食品加工所
餐馆	垃圾处理场
公司办公室	动物窝/畜舍
运输仓库	家畜粪尿处理场

(藤岛昭等著:《图解光催化产业概论》,日本效率协会管理中心)

专用空气净化器的安装场所,实际上已扩展到很多地方。如表7.1中所示的为主要安装场所统计表。其中,即使是在日常生活中一些较脏的令人感到不适的场所,如垃圾处理场、食品加工场、饲养动物的畜舍以及粪尿处理场等这些地方,也可以利用光催化的超强氧化分解能力抑制一些难闻的味道。

还有,不仅是味道,连空气中浮游的细菌和病毒也可以一并去除。所以,在有些对卫生要求很高的环境中,哪怕是浓度很低的味道也不能容忍的地方,如医院、养老设施、福利设施、宾馆酒店、餐馆、食品仓库等也都开始使用光催化了。

以医院为例,医院里在不同的地方会产生各种各样的味道(见表7.2),如果利用光催化空气净化器将这些味道分解去除后,不仅病人及病人家属受益,在医院里工作的人也会有一个舒适的环境。养老设施等其他地方也一样,如果能去掉这些地方独特的味道,就能创造一个更舒适的空间,使得生活在这里的人们、工作人员、访客,拥有一个舒适的场所。

表7.2 医院里希望除臭的场所以及其形成的原因

房间的种类	味道形成的原因
吸烟室	烟、烟油子
厕所	尿、粪便、储尿瓶
储尿室	尿、储尿瓶
处置室	血液、污物、脓、消毒液
齿科治疗室	消毒液、齿科加工用药剂
病房	尿、污物、消毒液、脓、其他
预诊室	消毒液、烟

生活用品上的应用

不仅是电车上、医院等公开场所,我们日常

生活中也存在各种各样的味道。其中令人讨厌的就有抽烟的味道、宠物的味道等，沾染在壁纸以及窗帘上以后很难消除。如果仅仅是利用空气净化器，这种沾染上去的味道很难去除。为了解决这个难题，现在很多新开发的产品，事先就在壁纸、窗帘布以及百叶窗上加入光催化剂，使得产品本身带有除臭和抗菌效果。

现在，市面上销售的光催化加工产品有围裙、睡衣、毛巾、床单、被套、袜子、丝袜、内衣、拖鞋等。这些都是利用太阳光在晒干时，发挥光催化作用的产品。这是因为，到目前为止，人们还没有想到，利用室内光线也可以充分发挥光催化的效果。

但是最近，对可见光有光敏作用的光催化研究开发有了很大的进展。因此，今后只要放置在室内就可发挥光催化效果的生活用品的应用范围会越来越广泛。关于可见光响应型光催化将在后面第9章讲述。

为了净化室内空气，人们制造了一种独特的产品，即在人工观叶植物和人造花的表面进行光催化加工。只要放在窗台上，就可净化空气，而且还无需像照顾真的植物那样经常浇水。因此，放在一些休息日无人上班的办公室和医院等地方优势明显。作为居家装饰品利用方便,用途也很广泛,但是一些产品中的光催化效果令人怀疑。因此,证明有效果的实验数据的发表以及标准的建立很重要。现在,日本国内以及国际上正在积极地制定这类标准。关于这点将在结尾的第12章详细介绍。

抗病毒

利用光催化可以去除抽烟的烟味以及宠物的臭味,使得生活空间更舒适,空气更清新。这里要介绍光催化另一个独特作用,是对感冒病毒等病毒以及病原菌的作用效果。2003年,一种叫作SARS病毒(重症急性呼吸器症候群病毒)的新型病毒导致的感染症频发,造成很多病患者感染死亡,曾引起很大的恐慌。特别是以香港、台湾和中国大陆为中心感染者众多,引发全球各国的国际机场不得不进行检疫,旅行者大幅减少,对世界各地产生了很大的影响。

SARS病毒和普通的感冒病毒一样,通过咳嗽和打喷嚏的飞沫传播。以中国为中心,人们试用了各种各样的方法,争论的结果发现可能光催化能去除SARS病毒。现在以台湾为中心对光催化去除SARS病毒的应用型研究仍然在持续。我们也想研究,但日本无法处理SARS病毒,所以没机会。最近,日本接连发现高病原性禽流感病毒等新的传染性很强的病毒,在这种状况下,什么时候爆发传染性大流行(pandemic)都不足为奇。

因此我认为,将空气中飘浮的病毒,不分对象捕捉到后再进行分解去除的光催化空气净化器,会进一步引起关注。特别是最近,我们的研究小组已经开始研究,把禽流感病毒作为目标之一,看是否能利用光催化作用使之不具有活性。当然,日本国内也只有少数几家研究所可以做流感病毒实验,我们是采用与流感病毒特性接近的噬菌体(噬菌体=感染细菌的病毒,种类很多,分子生物学研究上经常使用)进行实验。实验结果表明,氧化钛光催化对病毒有着拔群的效果。

于是,我们制作了一台效率更高的带有氧化钛光催化过滤器的光催化空气净化器,设置在大学宿舍等集体生活集中的地方,继续验证光催化对病毒的去除效果。

　　另外，医院里经常也有一种称之为院内感染的、抗生素也不管用的耐药性细菌导致的传染性病毒。光催化的作用不仅仅是可以分解它们，还可以将死后的细菌产生的毒素也彻底分解。这也是其他抗菌剂所没有的优势。

　　光催化净化空气的方法，不仅仅是抑制令人不快的味道，更可以消灭流感病毒，所以从创造健康安全的空气角度看，就非常了不起了。因此，这种感触和自豪也反过来促进研究进一步推进，成为推动研究进步的原动力。

电冰箱中的应用

　　光催化过滤器虽然是作为空气净化器开发的，但它也广泛地应用在空气净化器以外的家电产品上。例如，空调产品中现在已经有了带光催化过滤器的机型。在调节室内温度和湿度的同时，还可以提高室内空气的质量，真是一举两得的好事。

　　吸尘器中有些也采用了过滤器。不过，吸尘器有些不同，如果过一段时间不用，开始的那种讨厌的味道还是会出来。不带光源的吸尘器，需要定期把过滤器从吸尘器中取出来在太阳光下暴晒,进行除臭和杀菌。

电冰箱中,自带一套小型光催化体系,光源和过滤器自成一体,除了对冰箱中的空气进行杀菌和除臭,甚至还可以分解蔬菜和水果中散发出来的乙烯气体,确保蔬菜和水果的新鲜度。我们都知道,蔬菜、水果和鲜花等即使在保管中也还在呼吸,还能呼出某些气体。其中具有代表性的气体就是乙烯,蔬菜和水果如果接触到自己呼出的乙烯可以加快成熟。例如,苹果和香蕉只要有乙烯就可以很快成熟腐烂。因此,如果利用光催化去除乙烯,蔬菜和水果在这样的环境里就可以长时间保鲜。

最新的电冰箱上,有一些甚至制冰盒也带有光催化过滤器。这样可以先分解水中的细菌和漂白粉后再制冰,做出来的冰块既好看又好吃。光源嘛,采用的是LED(发光二极管)。以前LED只能发出波长较长的光,但最近以来,可以发出波长较短的光的、可在氧化钛光催化上使用的LED也登场了。小型化、费电少、寿命长的LED出来后,可以作为光催化的光源,使得光催化系统变得更加轻薄、省电,也促进光催化朝着更广泛的领域普及和发展。

最近还产生了一个有趣的话题,韩国朋友喜欢的泡菜中散发出来的气味也可以去除了。我们把小型的光催化装置放在冰箱里,研究一下看是否能去掉韩国泡菜的气味。

我们已经知道,家用冰箱中如果带有光催化,除了抗菌除臭外,还可以使蔬菜和水果保鲜。由此,农家也开始使用这一技术。草莓和桃子等,为了在到达消费者手中之前一直保鲜,收获后就尽可能抑制不要成熟过快,因此农协的仓库中就使用了保鲜装置(见图7.2)。由于可以抑制霉菌的繁殖,农家们很乐意使用。

图 7.2 利用分解乙烯气体的农作物保鲜装置(照片来源:日本无机株式会社)

空运货物

如果可以保持农作物的鲜度，那么在产地到消费者之间的输送上就可以应用光催化技术了，这将使得光催化技术在货车以及空运等方面的应用开发得到很快进展。从海外进口的水果和蔬菜的运输，很明显比国内所花的时间要长很多。解决运输中所释放的乙烯对水果和蔬菜质量影响的问题迫切需要解决。横跨太平洋和大西洋，或者从东南亚进口食品时，可以冷冻的食品还无所谓，但生鲜食品是有时间限制的。如果将应用在农协冷藏库中的光催化系统也应用到食品空运中，以前认为时间太长无法保鲜的生鲜食品也可以运输了。甚至有人认为航空运输革命的时期已经到来。这又是一个令人感兴趣的光催化应用领域。

就在不久前，即便在国内也是保鲜难度很高的农作物之一，空运草莓已开始利用这项技术。接下来，樱桃运输也将采用，大型的 10 t 卡车用的装置也已开发出来，地面运输和航空运输同时确保鲜度的系统已经完成。采用这种方法运输的商品还拥有独自的标识，作为一种带有新附加价值的商品,向亚洲出口的草莓、甜瓜、樱桃、桃子和苹果等,出口的农作物品种不断扩大。

另外,鲜花也是运输过程中很难保鲜的代表性商品之一。为了保鲜,须在运输途中再现和产地相同的日照情况,调节温度,使保管环境与生长环境一致,这样才能确保鲜花的鲜度和品质。通过对运输鲜花的容器进行光催化处理,过去使用保鲜的药剂也不需要了,流通方法的改变不仅使鲜花保鲜,同时也保护了环境。到达花店以后,也可以立即放入保温花房,只要把光催化系统导入保温花房,乙烯以及浮游菌之类就会被分解去除,使鲜花始终保持鲜艳的状态。特别是对于一些乙烯散发比较多的花,如康乃馨、土耳其桔梗和玫瑰等,效果尤其明显,因此很受花店欢迎。

大气能净化吗

要想解决大气污染问题,最重要的莫过于使汽车以及工厂不要排放污染大气的有害物质。但是,现在的大城市空气污染已经相当严重,在污染严重的地方,人们希望尽可能地快速导入空气净化技术,从一点一滴开始,对创造一个有益于健康的环境也是有积极作用的。众所周知，大气污染中，汽车排放的尾气中含有大量的氮氧化物（以下称NO$_x$），这些氮氧化物可以利用氧化钛光催化去除（见图7.3）。最近，与道路关联的可以去除NO$_x$的应用光催化特制产品也被开发出来了，这已经在第3章介绍过了。在这里，对其构造作些稍微详细的说明。

所谓NO$_x$，是氮原子（N）和氧原子（O）结合后生成物质的总称。在这些物质中，由于污染空气而成为问题的是一氧化氮（NO）和二氧化氮（NO$_2$）。人们在监控大气污染时，将一氧化氮和二氧化氮合写为NO$_x$。NO$_x$从何而来呢？石油等燃料在燃烧过程中，燃料中所含的氮气与空气中氧

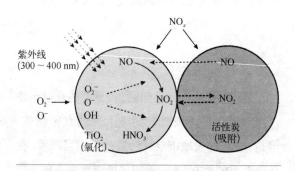

图7.3　利用光催化去除大气污染物NO$_x$的作用机理（竹内浩士：工业材料，Vol.44，No.8，1996）

气结合形成NO_x。另外,燃料燃烧产生高温后,使得空气中的氮气和氧气发生反应也可生成NO_x。因此,只要有燃料燃烧的地方,不管是工厂的锅炉,或者汽车的发动机,还是家用煤气灶,都会产生NO_x,而且温度越高产生的NO_x量也越多。

人在大量吸入NO_x后会对呼吸器官带来恶劣的影响,不仅如此,NO_x也是酸雨和光化学雾霾产生的原因,是具有代表性的大气污染物之一。一般认为,虽然氧化钛光催化去除NO_x的作用机制不是很简单,但可以肯定的是,在对氧化钛表面进行光照后,空气中的NO_x被氧化,生成二氧化氮,最终变成了硝酸。为了使生成的二氧化氮不再挥发到大气中,一般需将光催化剂同时与类似活性炭的吸附剂一起使用。生成的硝酸蓄积也会是个问题,但由于是在室外使用,可以利用雨水让硝酸自然地被冲洗干净。

也就是说,和光催化的自清洁效果一样,利用太阳光和雨水等自然能量就可以达到净化空气的效果。从1995年开始,大阪市西淀区的国道沿线,东京都板桥区的七号环线以及大和町的各十字路口附近等,日本全国各地的地方自治体都开始了试用实验,积累经验。

世界上第一条空气净化道路

公路建设技术中,人们采取各种方法力求提高道路功能,常见的有如何减小噪声,提高雨天的路面排水性和方便行车等。现在,在这些高功能性的铺装基础上,进一步利用了带有氧化钛光催化剂的水泥来进行施工,这样汽车排放出来的尾气中含有的NO_x就会被去除。也就是说,在有害物质扩散到空气中对人体和环境产生恶劣影响前,在它的产生源头就被处理掉。这难道不是一个非常美妙的解决问题的方法吗?

这项铺装技术被称为光学道路施工法,这是日本独有的技术(见图7.4)。最近这方面的研究一直在持续进行,在其他一些公共道路上也开始进行光催化施工了。

汽车尾气的排气口排出的NO_x,被道路表面的氧化钛光催化氧化,这时它与固定剂中的主要成分钙发生化合,生成中性的硝酸钙,暂且固定在路面上。下雨后,硝酸钙被分解成无害的硝酸离子($NO_3{}^-$)和钙离子(Ca^{2+})被冲洗干净,路面再次恢复为本来的状态。

图 7.4　清洁空气的公路铺装技术——光学道路施工法

　　光学道路施工法虽然是一项现场铺装技术，但在工厂里事先将氧化钛嵌入的铺装块已经实行产品化了。

　　现在，欧洲也开始积极试验，采用光催化技术去除大气中的NO_x。欧洲的柴油发动机汽车本来就很多，当然NO_x的排出量也就很多。例如，欧洲最大的水泥制造商，意大利水泥公司，就在水泥的表面上涂覆氧化钛光催化剂，并大力宣传氧化钛光催化剂的重要性。事实上，法国巴黎也在市内做了一项实验，在两条单向通行的道路上，其中一条覆盖氧化钛，另一条是普通道路不变，然后测试两条道路附近的NO_x浓度进行比较，氧化钛去除NO_x的结果受到很高的评价。

关于去除NO_x的效果，不仅仅停留在路面，沿线的隔音墙以及吸音板、护栏等也都开始应用。如果利用光催化主要是为了去污，那么表面要尽可能平坦光滑，才能发挥优越的性能。如果采用光催化的主要目的是净化空气，那就正好相反，表面积要尽可能大，表面还需要有很多小孔，这样的结构效果才比较好。为了方便施工，现在去除NO_x的特制光催化涂料也产品化了。使用涂料时，即使不做新的设施，就在现有的道路关联设备上涂装，效果也很好，而且后续的维护费也很节省，这对于财政拮据的一些地方自治体来说无外乎是个好消息。

从经济性的角度，根据测算，采用光催化的费用，是其他去除NO_x的设备的三分之一到二十分之一，价格低廉。而且，众所周知，像白杨这种行道树在去除NO_x方面也很有效果。如果在1 000 m^2的建筑物上涂装光催化薄膜，根据测算，它的效果相当于种植16棵白杨树。因此，在城市里可以栽树的地方要尽可能增加行道树，其他无法栽树的地方可以涂装光催化薄膜，如此大自然的力量和科技力量相互配合补充，大气净化之日就指日可待了。

第8章
光催化的扩展

　　从光解水开始的光催化研究,已经从杀菌、抗病毒、除臭、防雾、自清洁,扩展到其他方面,甚至还有很多很有创意的研究。下面就来作详细介绍。

防止热岛效应

　　城市里,中心城区的温度要比郊外高,这一现象称为热岛效应。热岛效应使得中暑的危险性大为增加,特别是夏天成为一件人命关天的大事。开空调需要消费大量的能源,空调排出的热风使得周边的环境温度升得更高,形成了恶性循环。而且,现在很多高层建筑喜欢建在海边或江边,挡住了风的流动,也是造成气温升高的原因之一。沿海地区的温度升高,内陆地区即使还没有达到城市化的地方也难以避免气温升高。

过去，为了防止热岛效应，人们采取了很多措施，譬如在建筑物的楼顶植被绿化以及提高道路的保水性能等。主要考虑的是，当绿地及道路中所含的水分因为天热蒸发后，可以吸收周围的热量，即所谓蒸发潜热现象，以便降低建筑物和道路的温度。这词听起来好像很深奥，其实跟江户时代的老百姓在炎热的夏天于自家檐前洒水感到清凉一样，都是为了降温。现在，作为应对热岛效应的对策之一，市民也被发动起来，鼓励大家一齐在自家门前洒水降温。

如果利用光催化的超亲水性特点，作为防止热岛效应的对策，能否取得现代版的"檐前洒水"效果呢？于是，我们做了一项实验来验证它的效果，事实证明非常有效。例如，普通的建筑物的屋顶和墙壁上流水时，水仅仅是呈现线条型流走了。但如果是在覆盖了氧化钛薄膜的墙壁上洒水，由于光催化的超亲水性效果，水就变成一层很薄的膜覆盖整个墙壁（见图8.1）。这样，水蒸发以后正如檐前洒水的效果一样，墙壁的温度就会下降。建筑物本身的温度哪怕只是稍微

涂覆光催化后

通常情况

图 8.1　壁面上水的不同流淌示意图（藤岛昭等著《图解光催化产业概论》，日本效率协会管理中心）

下降一点，空调的使用频次就能减少一点，空调室外机排放出来的热量也能减少一点。如此一来，热岛效应就能朝着减少的方向发展。

　　这个创意被东京大学桥本仁和教授的研究小组采用，运用到NEDO（新能源产业技术综合开发机构）的项目上。他们花了5年时间进行研究开发，利用光催化的超亲水性特点研发新的冷却系统。NEDO的研究报告显示，利用实际的住宅做了验证试验，室内温度下降了2℃，空调的负荷减轻了大约20%。

　　2005年的爱知世界博览会上披露了这一成果。他们在休息室半圆形的屋顶和玻璃墙壁上涂覆了光催化剂，让到休息室休息的人亲身体验檐前洒水的效果。在JR东海的展示会现场也使用了这一技术。虽说是2005年发生的事，据报告,那一年炎热的夏季用电高峰时,节约的用电相当于一成以上的空调使用的电量,效果明显。作为一种保护环境的冷气设备,拥有现代版"檐前洒水"效果的产品,在一些还没有使用光催化的大楼墙壁等垂直面上,未来还有很大的利用空间(见图8.2)。

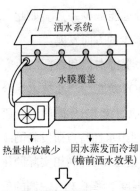

檐前洒水光催化住宅

洒水系统

水膜覆盖

热量排放减少　因水蒸发而冷却(檐前洒水效果)

① 冷房空调负荷下降
② 热岛效应现象减轻

图8.2　利用超亲水性减轻热岛效应—现代版"檐前洒水"效果(藤岛昭等著《图解光催化产业概论》,日本效率协会管理中心)

水可以净化吗

江河湖海以及水池等一些容易生长藻类的地方,频繁发生的赤潮问题常常引发关注。曾经收到过一件咨询,关西地区有个蓄水湖藻类大量繁殖,周围的居民苦恼不已,他们来问我是否可以采取光催化去除? 我用烧杯做了个实验,看看光催化碰上具体的藻类后能有什么反应,调查后发现藻类在接触光催化的同时就不再活动。

最近,英国的研究人员来访,听说他们也在湖岸涂覆氧化钛,研究氧化钛去除藻类的效果。说明这已是一个世界性的课题,希望这个问题能用光催化解决。

实际上,利用光催化反应净化大体积的水,是一项非常困难的课题。为什么这么说呢? 因为溶解在水中的有机物等必须能吸附在光催化剂的表面,而且吸附的同时正好有太阳光照射。在去除空气中的香烟气味中的乙醛时,只要用风扇就可以使乙醛很好地吸附在过滤器上,但在水里,水的抵抗力太大了。

当然,还有一种方法,也可以把氧化钛粉末混入水中,使水中的有机物更容易地吸附在氧化钛粉末的表面。这是到目前为止,在分解溶液中的有机物时最常用的实验方法。但是,这种方法也有问题,就是即使水干净了,但要分离出水中的氧化钛粉末较难。不管是哪种方法,总而言之要想利用光催化对大体积的水进行水处理,还需要进一步研究。

不仅是水,一些工厂旧址的土地中含有有害物质,去除这些有害物质也可以利用光催化。一些老工厂旧址的地下,残留着很多各种各样的有害物质。一旦有机物进入地下,要去除不是一件容易的事。如果残留在地下的是挥发性有机物,光催化薄膜就能大显身手。它的原理就是,只要给土中通入空气,挥发出来的有机物就会被遮盖在上面的光催化薄膜分解掉。这里也是氧化钛光催化在发挥作用。

农业上的应用

光催化研究也广泛应用在农业上。这项研究也主要是以桥本仁和教授为中心的研究小组在完成,运用在番茄的栽培上,番茄的收成居然多了两到四成。

一般情况下,番茄种植在地面上一年就枯萎了,但如果是在温室中无土栽培,就可以连续生长几年。过去,通过给水中添加营养,也就是采用所谓的连续流动方式进行排水,但是由于排放出来的水含有营养和农药等成分,造成环境污染,所以最近开始采用一种不排水的循环方式。采用这种方法,1年可以收获两次番茄。

不过,循环方式持续地进行几轮后,慢慢地结出来的番茄数就减少了。可能是循环方式中的水由于杂菌繁殖、水质变坏了,或者是番茄本身长出了妨碍生长的其他物质。为了解决这个问题,研究人员制作了一个处理系统,先把无土栽培的循环水从温室中排放到室外,在室外先做一个光催化处理槽,水排放出来后进行太阳光照射,去除水中的杂菌、同时将妨碍番茄生长的物质进行氧化分解。

加入到水中供给番茄的营养素主要是氮、磷和钾等,它们以氧化物的形式存在于水中,即使是利用光催化它们也不会发生任何变化。因此可以任其保留在水中,这个处理系统仅仅去除有害物质,净化后的水可以被再次利用到番茄的栽培上。

光催化处理槽的结构其实很简单,就是在一个底很浅的槽里,敷设涂覆了很多氧化钛的陶瓷板,然后用太阳光照射。由于构造简单,水循环到室外也不需要很高的成本,经济实惠。(见图8.3)。

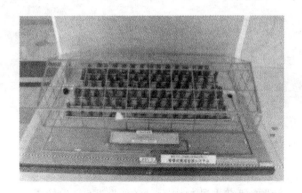

图 8.3　光催化栽培营养液净化装置，利用该装置使得番茄更加丰收（照片来源：KAST）

　　实际运转这个系统后，与没有采用光催化处理的水相比，番茄的收成增加了两到四成。不仅如此，而且之前使用的杀菌剂和农药的用量也大幅减少了。作为一项有益于健康和环境的技术，受到农业系统人们的高度评价。这种方式在未来的实用化方面将会不断发展，是一个令人期待的研究领域。

　　除此之外，农业上的应用中，大米制作初期给稻种消毒后废液的净化也采用了光催化技术。稻种在播种前，为了防止水稻的病虫害，一般使用农药进行消毒处理。消毒后的废液如果就地排放，就会污染环境。在这之前一般采用活性炭等吸附剂进行吸附后，再加入凝固剂，过滤后，将残留物干燥后交给专业的工业废弃物处理部门进行处理，这种处理方式非常劳神劳力。有没有一种更简单又环保的方法呢？

下面的内容，其实第 3 章也介绍过的，是东京大学桥本仁和教授领导的研究小组的研究成果。这个研究小组，与神奈川县农业技术中心、神奈川科学技术研究院以及民间企业一起，利用光催化技术进行农业废液处理的研究。实验装置基本就是和番茄的水耕栽培一样。实验中使用的农药，就是普通的杀虫剂和杀菌剂。经过一个星期，在太阳光的照射下通过光催化处理，废液中检出的农药浓度就低于所能测到的限度范围。农药被分解后有可能生成某种中间物质，但通过分析处理水中的所有碳元素，并没有蓄积任何中间物质，而是被迅速分解成了二氧化碳，这一结论得到了确认。

这种方法，仅仅依靠太阳光和光催化技术，以很低的成本就可建立一个既能实现工业废弃物排放为零，又能分解净化农药的系统。农业本来就是一个沐浴阳光恩惠，收获农作物的行业，所以一般认为农业与擅长利用太阳光的光催化是非常匹配的。为了环保的、可持续发展的农业,光催化还有更大的发展空间。

不臭的牲畜圈

譬如畜牧业领域,利用光催化能否解决畜舍的臭味问题呢?畜牧业中,一般畜舍和堆肥小屋所在的地方总是散发出大量的臭味。周边居民提出的很多投诉也大多涉及臭味。畜舍中散发出来的臭味,主要是低级脂肪酸。堆肥小屋中散发出来的臭味,主要是高浓度的氨等,不管哪种,气味都很浓烈。

为了解决这个问题,至今已开发了一系列技术,有堆肥化处理、污水处理、除臭技术等。饲养畜产的农家,不得不投资各种相关的设备,以致给经营造成了很大的负担。利用光催化技术开发的水处理和除臭的系统将能解决这一问题。

畜产的臭味浓度很高,且处理的体量大,我们先尝试利用微生物进行除臭前期处理,然后再将那些微量的气味浓烈的残留臭气物质用氧化钛光催化去除。为了进一步提高它的处理能力,吸附剂还与活性炭过滤器组合,使之能完全彻底地去除干净。

最近，我们主动地将这项研究成果，应用到了大学等机构的动物实验室和饲养室里。这些地方的臭味也都很浓烈，本着为研究人员的健康着想，希望能利用光催化帮助他们实现除臭。我们搬进去一台相当大型的空气净化器，反复试验，却没有达到理想的效果。例如，为了能够长期稳定地去除这些强烈气味，将光催化过滤器换成了水洗型等。

第9章
室内光催化的
应用

　　第2章已经讲过,发生氧化钛光催化反应所使用的光,必须是波长400 nm以下的光。到达地表的这样的光只占太阳光的3%,在室外,我们已经有效地利用这点光,达到了自清洁和不起雾效果。但是,在室内,一般生活空间的光环境,即荧光灯等照明器具发出来的光中,氧化钛光催化可以利用的只有室外的千分之一。因此,在室外使用效果明显的光催化系统,进入室内后效果就会变弱。

　　那么,怎样才能在室内有效地利用光催化技术呢? 我们考虑有三种可能。① 制作一个类似空气净化器的、可利用有效光源的系统;② 制备的光催化剂能够对长波长的光(可见光)也发生反应;③ 开发对比室外更弱的光也能高效反应的光催化剂。其中①前面已经介绍过了,这里主要介绍②和③。

如果光催化可以利用可见光，那么不仅在室内，室外的应用范围也会进一步扩大，这对光催化研究来说，将是一个非常重要的课题。自从20世纪70年代在《自然》上发表本多－藤岛效应以来，我们花费精力进行了各种各样的探索，但还是没有发现任何与此关联的物质——既可以利用可见光，又能稳定地发生光催化反应的光催化材料。然而，进入21世纪后取得了迅猛的发展，不仅研究上了一个新的台阶，实用化产品也做出来了。

开发能利用可见光的材料

到目前为止进行的研究可分为三个阶段。第一阶段，在氧化钛的表面涂上某种色素，观察其是否对可见光发生反应，这种方法叫做色素增感法。瑞士的研究小组，采用这种方式研究太阳能电池很有成果（色素增感型太阳能电池），制作成本很低，他们开发出来的以塑料为基板、色彩鲜艳的柔性太阳能电池，引起广泛的关注。理论上可以取得30%的效率，实际上目前仅有

5%~10%左右。但是,这只是在新型太阳能电池上的应用,而非光催化。

第二阶段,寻找适合于光催化使用的、氧化钛以外的半导体。关于这一点,已经进行了很多的研究,但是问题也很多,光照射以后半导体自身也被溶解出来的也有。相对比较稳定的,可以考虑的是氧化物。其中,氧化钨渐渐引起了人们的注意。

第三阶段,以氧化钛为基础,用化学方法掺入某些元素后,观察是否对可见光产生反应。这种掺杂对可见光响应有效果,但反过来又抑制了氧化钛光催化的活性。

然而近年来,通过氮的掺入实现了可见光的响应,这是以量子力学的计算为基础,通过改变其电子结构的一种新的手段,既不会抑制氧化钛的光催化活性,还可以响应可见光。这项成果发表在《科学》杂志上。《科学》是与《自然》杂志并肩的世界顶尖权威科学专业杂志。该研究报告中也提到了光催化活性,当照射400 nm以下的光时,它显示了通常的活性,对氧化钛不产生反应的400~520 nm的可见光,现在也能显示出很好的光催化活性。

我们的研究小组也成功地进行了简单的实验，对可见光的反应也得到了确认。可以认为这是实用性很高的可见光响应型光催化之一。报告显示，除了氮、硫以外，碳和硅等的导入也能使氧化钛响应可见光。

还有，前面已经讲过的色素增感研究，即：将某种色素涂在氧化钛上，会发生可见光反应。最近又有新的进展，开发出了一种将氯化铂涂在氧化钛表面的可见光增感型光催化剂。使用这个新型的光催化剂，在室外环境下以太阳光作为光源，观察 NO_x 的分解反应，发现 80% 的氮氧化物都可以被分解。根据室外有如此好的效果，室内应用的可能性就很高了。

不过，可见光型的光催化剂也存在问题。通常的氧化钛光催化剂，只能吸收波长在 400 nm 以下的光，对可见光不产生反应，因此将氧化钛涂成薄膜就变得很透明。但是，对可见光产生反应，就意味着需要着色。导入氮的光催化剂，对 400~520 nm 的光产生反应，就说明黄色是着色过了。而且，与氧化钛只需涂抹非常薄的 1 μm 相比，需要非常厚的膜才行。

如果，光催化能够吸收可见光区域所有的

光,那么光催化剂将黑色化,其应用领域可能反
而变得更小了。因此,新材料的长期稳定性,是
今后重要的研究课题。

但是,如果利用色素增感型太阳能电池的着
色性质,就像使用色彩鲜艳的太阳能电池那样,
可见光响应型光催化的着色,也可以作为一种特
性应用到实际的产品中,说不定还能开发出其他
有趣的产品呢。特别是在室内,各种各样的生活
日用品上都可应用,所以,发挥其着色性质的可
能性也很高了。总之,光催化的可见光响应是一
个非常重要的研究课题,今后包括实用化在内的
研究值得期待。

氧化钛纳米管的世界

为了使光催化能够适用于室内很弱的光,我
们采取各种方法,从不同角度进行研究如何增加
光催化的灵敏度,提高反应效率等。有趣的是,
有人还提出了利用独特的方法将氧化钛微粒子
做成纳米尺度的管子。大家听说过一种用碳做
成的纳米管子——碳纳米管吗?氧化钛纳米管
就是一种和它相似的纳米材料之一,在电子显微

镜下才能观察到它的微观结构。

氧化钛的形状,一般呈现粒子形。如果对粒子形的氧化钛进行溶液化学处理,就可以合成氧化钛纳米管。纳米管的一端开口,内径为5~7 nm,外径为7~10 nm,长度为数百纳米(见图9.1)。

通过将氧化钛变成纳米管,你就会发现在粒子形的氧化钛中不具有的令人兴奋的特性。其特征之一就是,光催化反应发生时,电子和空穴的寿命比粒子形的氧化钛增加了5倍,反应效率明显提高了。在环境污染物的氧化分解反应中也获得了很高的反应效率。而且,在氧化钛纳米管中混入硫黄后,即使在可见光下也显示出了光

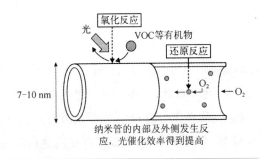

纳米管的内部及外侧发生反应,
光催化效率得到提高

图9.1 氧化钛纳米管的应用(藤岛昭等著《图解光催化产业概论》,日本效率协会管理中心)

催化活性,这意味着可见光响应型的光催化剂正获得成功开发。

尤其是,如果在氧化钛纳米管内侧导入氧化铁,就像管子的外侧发生氧化反应,内侧产生还原反应那样,氧化−还原反应位置就可分开进行。报告显示,与两个位置无法分开粒子形的氧化钛相比,光催化反应效率有了进一步的提高。随着材料化学的进步,今后会有更多新的见解和想法不断涌现吧。未来的研究进展,还有赖于年轻人努力向前推进。

新居综合征

有时候,搬进新建的房屋或者高层住宅后,有人突然之间就生病了,这成了一个社会问题。这种现象称为新居综合征,或新房症候群(sickhouse)。所谓新居综合征,症状主要有:眼睛、鼻子和喉咙痛,头疼、头晕,想吐、无力、肩膀酸痛,皮肤炎症、发疹等。这都是因为住宅的建筑材料、黏结剂等挥发出来的有机物(volatile organic compounds,下文称为VOC)造成的。

在我们所知道的物质中,有胶合板的糊状防

腐剂中使用的甲醛。其他的还有涂料和黏结剂中挥发出来的甲苯等有机溶剂、杀虫防虫剂、阻燃剂的使用等都可成为VOC的产生源头。

最近新建的住宅，为了节能，都是尽可能地提高密封性，阻止和室外的空气交流。这样做，室内的温度管理倒是方便了，可是室内空气污染后，如果不是有意识地定期进行换气通风，就会使人持续吸入污染的空气。新建住宅的壁纸，也会挥发微量的VOC等物质，这些物质长时间停留在身体里就会给身体带来恶劣的影响，出现上述介绍过的各种症状。

另外，每个人对VOC的感受和影响是不同的。即便是认为安全的低浓度VOC对一些人也会产生过敏反应，甚至有可能出现严重的症状，像这种患有化学物质过敏症的人很多。

我们已经知道，光催化对哪怕是微量的恶臭物质也能发挥分解和去除的效果。所以，我们也想试试光催化是否对新居综合征也有效果。

首先，对罪魁祸首甲醛，采用光催化进行分解反应。通过观察，新居综合征中低浓度的有害物质甲醛，完全被分解成了二氧化碳和水。

另外，氧化钛不仅对甲醛发挥着光催化降解

的作用,还具有吸附剂的作用。一般类似活性炭的吸附剂,一旦吸附,有机分子就原封不动蓄积在吸附剂的表面,慢慢地吸附剂就失去了吸附功能。但是,氧化钛就不会,只要是有光的地方,被吸附的物质就会被氧化分解,最终作为二氧化碳进入空气中,因此可以持续不断地发挥吸附剂的作用。

为了预防新居综合征,第一就是不要使用含有有害VOC的建筑材料。住宅的建筑材料中挥发出来的VOC,即使是微量的存在,也应该在其发生的源头附近,在它扩散之前采用光催化进行分解去除,这是一种有效的方法。

不会脏的衣服

生活用品中,衣服、窗帘、床单等纤维产品都可以应用光催化技术,这已经在第7章介绍过了。

这些都是我们日常生活中使用的物品,与建筑材料相比,方便更换,也许是更容易开发的功能性产品。衣服已经可以进行防紫外线加工。这是因为通过遮断照射到衣服上的紫外线,或者使衣服拥有吸收紫外线的功能,防止紫外线接触皮肤,从而避免皮肤被晒伤和长斑。

如果光催化可以涂覆在纤维的表面,在吸收紫外线功能的基础上,使紫外线与光催化产生反应,就可能获得更好的效果。具体作用如下:① 分解汗或者食品等有机物的污渍;② 分解晾晒在室内产生的杂菌,防止产生气味;③ 老人气或排泄物臭味的去除;④ 分解花粉或过敏性物质等。

但是,如果在纤维上直接固定光催化剂,光催化剂的超强分解能力也会分解纤维自身,使得纤维断裂。还有,纤维产品一般会经常洗涤反复使用,光催化需要牢牢黏结在纤维上。如果黏得不牢,反复洗涤后光催化就剥落了,也就失去了效果。因此,为纤维的光催化固定化,开发出了一种独特的方法。

纤维的光催化固定法之一,被称为网纹甜瓜型。这是一种在氧化钛粒子的周围、采用不具有光催化活性的二氧化硅等陶瓷材料,将一部分涂覆成网纹甜瓜型的方法(见图9.2)。这样的结构,可以使氧化钛不直接接触纤维,防止因光催化反应使纤维变得破破碎碎。另一方面,气味分

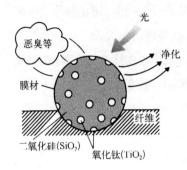

图 9.2 网纹甜瓜型光催化剂示意图〔藤岛昭等著《光功能化学——光催化》(昭晃堂)〕

子等也可以通过二氧化硅的网眼,和网纹甜瓜内部的氧化钛接触而被分解。

　　将这种网纹甜瓜型的光催化剂,在织成纤维前先揉入材料中,再加工成一根一根的纤维。接着,将网纹甜瓜型的光催化剂在纤维表面的露出头进行碱处理后再将其部分溶化。经过这样一个过程后,即使洗涤也不会剥落,成为一种结实的光催化纤维。

　　至于洗涤后的效果耐久性,各家公司也都通过了耐洗涤实验的测试,和普通产品相同的洗涤次数,基本不会影响光催化效果。至于光催化的性能,纤维行业制定了统一的标准。符合这个标准的产品会刻上"SEK"标志(见图9.3)。请大家找找自己的周围有没有这个标志。

图 9.3 光催化纤维制品的抗菌性认定标志（SEK 标志）。用于满足纤维制品评价技术协会制定的《光催化抗菌加工纤维制品认定标准》的商品

为了能放心购买这种带有光催化功能的产品，制定统一的行业标准，确保性能是非常重要的。如果某个产品本来没有光催化性能，却作为光催化产品大力宣传，这样的产品持续增加，最后会导致光催化技术本身失去信用。因此为了避免发生这样的状况，我们也积极地参与制定标准。关于这一点我将在第 12 章作详细介绍。

除了网纹甜瓜型，光催化在纤维上的应用还有一点引人关注。那就是替代氧化钛的磷灰石。骨头和牙齿中所含物质的钙成分替换钛，使用钛磷灰石的方法。

钛磷灰石不仅能显现出光催化的氧化分解活性，而且还是一种优质的吸附病毒和细菌的物质。不仅如此，即使是直接揉进树脂中，也不会因为光催化作用而分解树脂，所以纤维产品的应用范围进一步扩展。

根据最近的研究报道,有人又提出一个新的方法,就是将氧化钛的微粒子封闭在二氧化硅等不具有光催化活性的物质的空壳胶囊中。这种方法的好处是,胶囊和其中的氧化钛微粒子之间有空隙,可以确保氧化钛的光催化活性。这样的研究很活跃,纤维产品所拥有的光催化功能必将进一步提高,应用场所也将进一步扩展。

超亲水性和超憎水性表面的可能性

关于氧化钛光催化的超亲水性效果,已在本书的第5章中详细介绍过。但随着氧化钛光催化研究的发展,和超亲水性完全相反的性质,即超憎水性的表面也被制作出来,也即是说已经可以控制表面的性质了。

在我们身边,常见的有代表性的超憎水性物质,如荷叶的表面。荷叶的表面如果有水,水就会在荷叶表面弹跳,形成圆溜溜的水滴滚落下去。荷叶的表面拥有这样的超憎水性的秘密,来自荷叶分泌出的油性成分和荷叶表面的特殊构造。荷叶的表面,呈现非常小的凹凸不平的多重分形的粗糙结构。这样的表面分泌出油性成分,水落下去后,水和表面的凹凸缝隙之间进了空气,形成水滴,出现水滴圆球滚滚弹跳的现象。

人们通过模仿存在自然界中类似荷叶的表面的性质,发展了人工超防水性表面技术。雨衣、雨伞、汽车的车体和车用玻璃、滑雪用品以及滑雪板等用品,都是这一技术的应用型产品。超憎水性表面的特征,就是很难被水浸湿,污渍也很难沾上。

氧化钛光催化的薄膜,也可以通过将表面的构造粗糙化,进行油性处理以后,转换为超憎水性的表面。这种表面有趣的是,光照射以后,超憎水性表面简单地转换为超亲水性的表面。而且,超亲水性化以后的表面,再次进行油性成分的表面处理后,又回到超憎水性的表面了(见图9.4)。也就是说,水是否会在表面形成弹跳的水珠,只需要光照和油性成分的表面处理,就可随心所欲地操控。

真是一个非常有趣的特性。那么,能否在印刷技术上也能应用呢?目前正在研究中。另外,由于可以制作出耐脏又防水性强的表面,可以考虑运用到比较容易脏的衣物上。实际上这个领域,中国的研究已经走在前面,有不会脏的领带、

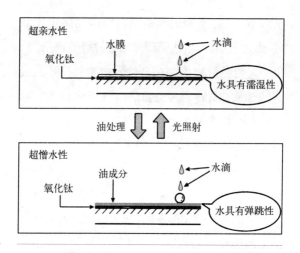

图 9.4 表面性质的调控（藤岛昭等著《图解光催化产业概论》，日本效率协会管理中心）

围巾。以前，美国总统布什访问中国，举行首脑会谈时两人都系上这种不会脏的光催化领带，一时成为话题。

正如不会脏的衣服已经进入实用化的进程一样，近年来，使用了光催化技术的产品在海外也很活跃。我们要向世界宣扬，光催化是一项日本首先发明的独有的技术。

第 10 章
医疗领域的
应用

手术室的应用

前面已经讲到,光催化的实用型产品——最先开发成功的杀菌瓷砖,就是在普通瓷砖的表面涂上一层氧化钛薄膜,这是和瓷砖公司一起共同开发出来的。这种光催化杀菌瓷砖可以在10年内保持性质不变。

但是,产品在实际使用过程中,还有一个问题亟待解决,这也是光催化反应的本质问题。这个问题是,有光照的地方虽然会发生反应,但光照射不到的地方,譬如地板上如果贴上这种瓷砖,就像贴在桌子下面一样,因为不能直接接收到光,所以没有杀菌效果。

这样的问题,现在已经解决了。也就是说,在氧化钛薄膜上进一步涂上银离子或铜离子,就可以解决这个课题。这些金属离子，本来就是作为杀菌剂使用的。在涂了氧化钛薄膜的瓷砖表面喷涂这些金属离子，然后对它们进行光照，通过光催化反应，其中的金属离子发生还原反应，以金属超微粒子的形式固化在瓷砖表面。

如果不使用氧化钛，仅仅将银或铜等杀菌性金属与釉子混合烧成的瓷砖，大半的金属都埋没在釉中，表面露出来的只有极少数一点点，杀菌效果也很小。与之相比，瓷砖表面首先涂上一层氧化钛膜，然后将杀菌性金属高密度地固化在氧化钛膜上，即使没有光照，杀菌效果也很强。

我们通过实验，确认了这种光催化杀菌瓷砖的效果。在瓷砖表面放上大肠杆菌、绿脓菌、MRSA（耐甲氧西林金黄色葡萄球菌——抗生素无效型细菌、是导致医院内部感染的细菌之一）等，用1 000 lux左右（相当于书桌上的台灯照明亮度）的光进行光照，1 h之内99.9%的细菌都被杀死了（见图10.1）。不仅如此，在光线比较暗的地方，放置3 h后，也获得了相同的杀菌效果。

实验取得了非常好的效果。接下来看看实际应用如何，我们把瓷砖贴到医院的手术室地板和墙壁上。手术室这种地方，是最在意消毒杀菌

	普通瓷砖	光催化抗菌瓷砖
	1000 lux 光照	1000 lux 光照 (1 h)
大肠杆菌		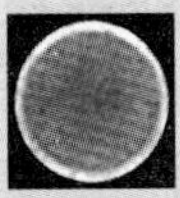
耐甲氧西林金黄色葡萄球菌		
绿脓杆菌	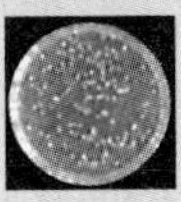	

图 10.1 光催化杀菌瓷砖的效果比较

的。因此,听说医生每次做完手术后都要喷洒杀菌剂对房间进行全面消毒。但是,即使是这样杀菌,手术室里的细菌数能到零吗? 好像也不是。刚刚喷洒杀菌剂后好像还行,但不久接二连三的细菌就会被带进手术室。

在类似手术室这种地方,如果贴上光催化杀菌瓷砖,墙壁上附着的细菌几乎为零。更令人吃惊的是,连空气中浮游的细菌数也大幅减少(见图10.2)。甚至,杀菌效果居然持续3个月。这与每天喷洒杀菌剂相比,效果真是天壤之别。

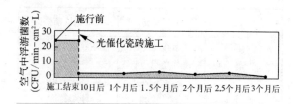

图 10.2　手术室内空气中浮游菌数的变化

　　手术室以外的地方，譬如动物实验用的白鼠饲养室里，在墙壁上贴上光催化杀菌瓷砖。本来的目的是为了去除导致白鼠生病的病毒，贴上后发现不仅病毒减少了，同时连饲养室的臭味也减少了，饲养员们都很开心。测试了一下氨的浓度，确实大幅减少了。这种情况，应该是氨直接通过光催化被氧化分解的效果。与此同时，光催化又抑制了白鼠粪尿上寄生的杂菌的繁殖生长，最终减少了氨的产生，所以臭味就减少了。

　　如果光催化在动物饲养室里有效果，那么举一反三，可以推断对医院以及养老院等地方的污物室、厕所的臭味等也有同样的效果。如此一来，光催化的应用范围就更广了。

　　在确认光催化杀菌瓷砖效果的同时，我们还发现了光催化有着普通杀菌剂所没有的优势。普通的杀菌剂，即使杀死了细菌，但细菌的尸骸还留在原地。由于杀菌剂本身对污物处理无能为力，最终表面被杀死的细菌尸骸覆盖，最后丧失了杀菌作用。光催化则不然，它不单是杀菌，还能利用本身的超强氧化分解能力将细菌的尸骸一起分解掉，起到了永久杀菌的效果。

不仅如此，类似大肠杆菌的细菌即使杀死后还能发出毒素。这种毒素一旦侵入人体，就会带来恶劣的影响。夏天食物中毒引起死亡的病例，就是O-111及O-157等肠管出血性大肠杆菌作祟。这种细菌在死后会发出一种叫做维罗毒素的致命毒素，实验证明，光催化也可以将这样的毒素进行氧化分解。这是其他杀菌剂所没有的功能。因此可以认为，光催化的作用还远非如此。

癌症治疗

癌的最重要特征，就是细胞随意地乱窜不断增加。人体在健康的时候，体内细胞的分化和繁殖能够进行巧妙地调节。癌由于某些原因，使DNA留下了无法修复的伤痕，导致身体失去了正常的调节功能。于是细胞开始无秩序的反复分裂和繁殖，随意乱窜，癌细胞渐渐肥大，不断侵蚀肌体。这个乱窜的细胞,在人体死亡之前不会停止,即使是医学发展到21世纪的今天,它也是人类面临的共同的最大敌人。在日本,死亡原因中癌症占据首位。虽然各种治疗方法不断涌现,也取得了很多成果,但癌症仍然在威胁着我们的健康和生命。

我坚信,科学技术的最大使命,就是使人人都能健康长寿,颐养天年。正是因为这个信念,我们的研究小组,也开始挑战利用光催化进行癌症的预防和治疗。

要想控制住癌化细胞乱窜,一是要保护细胞,防止DNA被紫外线等伤害。另外还有一点就是,尽快去除癌化了的细胞。问题是,怎么才能最早发现细胞的癌化,并把它去除? 于是,我们把注意力集中在光催化的超强氧化分解能力上。既然光催化可以打败大肠杆菌、MRSA等细菌,并分解它们的尸骸以及从尸骸上发出的毒素,那么,打败癌细胞也没有什么不可思议的。在光催化瓷砖上放上大肠杆菌进行光照后取得的出色的实验结果,不就证明了这一点吗?

说干就干,马上和医学部的老师们开始了共同研究。最初进行的实验是,在玻璃的表面涂上一层氧化钛薄膜,在薄膜上培养癌细胞,然后进行光照,看看能否杀死癌细胞。实验用的癌细胞,来自人体的宫颈癌细胞 HeLa 和膀胱癌细胞 T24。

附带说一下,HeLa 细胞是从 1951 年因宫颈癌去世的 henrietta lacks 的肿瘤病变中培养出来的细胞株,直到现在仍然在癌症基础研究上广泛使用。最近,有一本介绍她生平的书籍《不死细胞 HeLa》出版后,引起很大的反响,我读后也很感动。

然后,我们对这些癌细胞光照过后的染色细胞的生死情况进行了调查。结果如图 10.3 所显示,光照的部分很明显,细胞死亡了。死亡的癌细胞和活着的癌细胞分界明显,意味着光照作用很有必要。较短时间的光照就有作用,仅光照 3 min 癌细胞就消灭了,效果明显。

如果有可能利用光催化进行临床治疗,首先须考虑的是,所能利用的光能否在高效进行光催

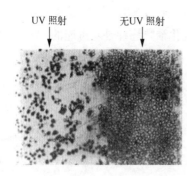

图 10.3 氧化钛光催化对癌细胞的杀灭效果

化反应激活活性的同时,又不会使正常细胞产生突然变异的伤害。因此,只有波长在360 nm附近的光才适合使用。这种波长的光能产生吗?或者说需要一个光发生装置。另外,要将这种光导入到患癌部位,还需要想办法让光纤通过内视镜送进去。这些装置的一部分已经和企业共同开发,还取得了专利权。

还有,刚才示范的实验,是在氧化钛薄膜上的效果,考虑到实际的治疗,还需要在希望治疗的癌细胞部位,放进去尽可能多的氧化钛微粒子。类似血卟啉的有机化合物比较容易接近癌细胞,所以常常被拿来使用。

我们还研究了将氧化钛直接注入癌细胞的方法。在动物实验中,在氧化钛注入癌细胞后马上进行光照,发现癌细胞内部产生了光催化反应,取得了消灭癌细胞的效果。这个结果鼓励我们,也许利用光催化治疗癌症是有可能的,为了实用化的那一天,研究任重而道远。

导管、医疗器具上的应用

到目前为止,氧化钛光催化在玻璃、瓷砖、塑料等各种材料上都使用过,但在医用材料中,用得较多的天然橡胶、聚氨基甲酸酯、硅等弹性很高的高分子材料(弹性体材料)在氧化钛的使用上却碰到了难题。其中之一,材料在弯曲或拉伸时导致剥落,带来耐久性的问题。还有,在高分子材料的表面均匀地涂抹氧化钛也是一大难点。为了解决这个难题,在涂抹氧化钛前,先将材料用硫酸水溶液等进行预处理,制作一个中间层。这样,均匀的很难剥落的光催化层就做成了。弯曲拉伸以及抓挠都试过,证明拥有实际应用所需的性质。

采用弹性体材料制作的医用器材之一就是导管。导管是插入患者身体内部的医用器材,所以保持清洁很重要。通常,为了防止细菌增生,总是频繁地更换导管。对患者来说,既造成肉体痛苦,又是一大经济负担。

我就想,如果在导管上涂覆光催化剂,能够持续杀菌,就可减轻患者负担。为了使无法光照的地方也能发挥杀菌作用,在开发光催化杀菌瓷砖经验的基础上,利用银和铜等杀菌性金属,即使是黑暗的地方,也可维持杀菌功能,不仅体内留置型导管,其他很多地方也可以使用了。

例如，因为某个疾病或治疗过程中，导致无法自然地小便，这种情况下就不得不自己导尿，随身吊着导管到处走。在日本，这样的人大约有5 000人。一根导管在身体里一会儿插进，一会儿抽出，一天几次，每次都得消毒。对患者来说，最大的愿望就是随身携带的导管总是能保持干净状态。现在，开发出了一种在导管表面覆盖氧化钛薄膜，然后在薄膜表面涂上杀菌性金属。这种导管自带电池，有个小小光源，放进盒子里可随身携带（见图10.4）。

还有一种情况，就是手术后的患者中，也有人需要插储尿袋。实验证明，为了防止细菌从储尿袋进入患者体内，用这种带有光催化杀菌功能的连接管同样有效。今后，也许在各个诊断科室都会用到光催化杀菌导管。

图10.4　自行导尿用导管以及光照射器具

　　光催化在医疗领域的应用并不仅仅限于杀菌，也有其他方面的研究和应用。如本书的第4章和第5章中谈到的光催化的两种作用中，杀菌性只是利用了光催化的氧化分解能力，现在讨论光催化的超亲水性效果。

　　时机还得从儿童病房谈起。由于哮喘或其他的什么疾病住院的小孩，常常要打点滴。小孩子使用的针管都非常的细，护士们打针前为了挤出气泡往往很费工夫，这点给我留下深刻印象。

　　如果在导管的内侧涂上光催化剂，使之具有超亲水性功能，导管中的气泡不就轻易地挤出来了吗？这么一想，于是我们就做实验试看。先在导管的内侧涂上一层光催化剂，大约光照10 h，取得了和水的接触角保持4°~5°的超亲水性状态效果。下一步，将导管放在光照射不到的地方，观察导管随着时间的推移，会有多大程度的排水能力。大约过了两周，和水的接触角保持在14°以下。也就是说，接触角只要在20°以下，就很容易挤出气泡。根据实验结果可以断定，用如此简单的方法挤出气泡的导管是完全有可能实用化的。

流行性感冒病毒上的应用

利用光催化的超强氧化分解能力不仅可以杀菌,而且在消灭流行性感冒病毒等病原性病毒上同样效果明显,因此对于它在预防传染方面的应用值得期待。流行性感冒病毒主要是通过飞沫传染,患者在咳嗽和打喷嚏时病毒通过飞沫传播,甚至还会发生接触传染和空气传染。所谓接触传染,主要是正常人接触了患者咳嗽或打喷嚏时飞散在门把手或电车抓手上的病毒后被传染的。用带有病毒的手无意识地揉眼睛、抠鼻或抹嘴,病毒通过黏膜浸入体内。手接触传染较多,电车上的抓手、门把手、电话的话筒等,都是传染途径。

另外,冬天空气干燥,飞散在空气中的咳嗽和喷嚏等飞沫,由于失去水分变成极细小的粒子,可以较长时间地浮游在空气中。如果和感冒的人正好在同一空间里,吸入了这种带病毒的粒子后也会被传染上。为了防止空气传染,所以冬天需要经常开窗通风,注意调节室内的温度和湿度。

因此,在室内安装带有光催化功能的空气净

化器或空调,使室内空气保持清洁,或在多数人手可接触的场所涂上光催化剂等,对于预防流行性感冒都是值得考虑的。在现今这个飞机满世界飞的年代,和过去相比,日复一日世界规模的大量的人群移动,从而导致流行性感冒及SARS(重症急性呼吸器症候群)病毒为首的、各种未知传染病广泛传播的潜在危险。从这点考虑,带有非选择性的消灭细菌和病毒功能的光催化在医疗领域的应用,会越来越受到关注。

由于开发的成功,我们制作了一个非常大的有光催化效果的过滤器。在使用了这个过滤器的空调上导入光催化系统,安装在东京理科大学北海道长方部校园的男生宿舍里。我们希望它能消灭流行性感冒病毒。

另外,第9章中也介绍过,我们还在千岁机场的出发大厅里,安装了带有可见光响应型光催化系统的空气净化器,现在也在验证它的效果。

牙科上的应用

最近,和牙科医生一起合作的机会也在增多。与牙科相关的人也对光催化很感兴趣。

在牙齿的治疗中，常常需要磨削牙齿。牙科的诊断室里，最大的问题是患者感染了流行性感冒，以及诊断室可能被病毒感染了。

还有，牙科医生经常使用的口腔诊断用的小镜子起雾的问题。如果不起雾，医生的治疗过程就会更顺利。我们也制作了不起雾的镜子，让医生亲身体验。虽然有效果，但现阶段这种镜子的制作成本很高，价格很贵，要普及恐怕还需要一段时间。

牙科还有一个有待解决的课题，就是牙齿美白。近年来，人们越来越关心牙齿美白，其实光催化也可以。将光催化氧化钛涂在变黄了的牙齿上，同时抹上过氧化氢后用紫外线照射，牙齿就会变白，效果很明显。但是，紫外线照射口腔，目前日本还不允许。所以，实际应用中需要使用可见光响应型氧化钛的方法。

我自己也试着使用了，确实感觉自己的牙齿变白了一点。

第11章
向能源问题
发起的挑战

重拾氢能梦想

第1章中已经讲过，当发现光解水现象的论文发表在《自然》杂志上的时候，正值第一次石油危机爆发的时候。因此，氢作为一种终极的绿色能源引起了广泛的关注。之后，在世界范围内，兴起了与人工模拟植物光合作用相关的"人工光合作用技术"的研究。但是，石油危机解除后，相关领域的研究也渐渐衰弱了。

然而近年来，有关地球变暖问题屡次被大书特书，又有人想到，植物是否利用光合作用将二氧化碳固定起来了？如果人工光合作用技术能够进入实用化，那么，困扰我们人类的环境问题、能源问题以及粮食问题不就一口气都解决了吗？基于这一出发点，人工光合作用技术的研究再次成为人们瞩目的焦点。现在，攻克人工光合作用技术，是全世界很多科学家共同拥有的伟大梦想之一。

实际上，美国能源署和加利福尼亚工业大学以及劳伦斯巴克莱国立研究所的共同研究小组，打算用5年时间，花100亿美元进行这项研究。在基础研究领域花100亿美元的破格投入，使得这件事成了一个大新闻。在韩国，2009年成立了人工光合研究中心，欧盟和中国等国家也都设立了从事这项研究的相关国家项目。甚至连沙特阿拉伯这样盛产石油的国家，考虑到环境污染问题，也开始和其他国家开展联合研究，将太阳能作为替代化石燃料的未来新能源。

太阳能的利用方面，虽然已经成熟的实用化技术有太阳光发电（太阳能电池）和太阳热能的利用，但是，如果扩大发电规模，就必须扩展面积。像产油国那样拥有广大的沙漠地域的国家姑且不论，像日本这样就受到了面积的制约。因此，开发人工合成以及生物质能等，新的太阳能利用方法势在必行。因地制宜，开发符合本国国情的太阳能利用方法，各种方法有机组合起来，全人类的太阳能利用效率就一定能大幅提高。

尤其是人工合成，由于将光能转化为化学能储存
起来的可能性很大，因此，一定会成为21世纪的
梦想技术，使得很多科学家果敢地去追逐。

向植物学习

　　本章，我想在谈论获取氢能技术和对二氧化
碳进行化学固定之前，简单谈谈植物的光合作
用。对化学和工学领域的研究者来说，当研究停
滞不前遇到阻碍时，很多时候往往能从自然界和
自然界的进化过程中受到很多的启发。

　　正如大家所了解的，自然界进行的光合作用，
就是带有叶绿素的植物，吸收太阳能后从空气中
的二氧化碳和水中
产生出氧气和碳水
化合物（碳化氢）的
化学反应的总称（见
图11.1）。植物通过
吸收自身制造的碳
水化合物，以及从根
部吸收氮肥等养分
生长、结果和繁殖后

图 11.1　植物的光合作用

代,周而复始。然后,草食动物吃掉植物,肉食动物又吃掉草食动物。通过这条生物链,地球上的几乎所有的生命都能延续。而且,我们人类文明依存的石油等石化燃料,也是远古时代光合作用生产出来的物质。因此,可以说,光合作用是形成地球上生命根基的反应。而且,它的本钱,就是水、二氧化碳和太阳能。当然,植物还需要赖以扎根的土地。

我们详细地观察植物叶绿素中发生的光合作用,以分解水产生氧气的PS Ⅱ(PhotoSystems Ⅱ =光系统Ⅱ)和还原二氧化碳的PS Ⅰ(光系统Ⅰ)这两个光化学反应为中心,有很多电子继电器,见图11.2所示。图中所显示的图形,被称为Z型反应图。

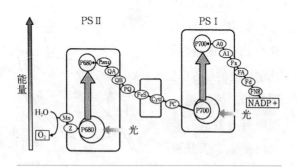

图 11.2　光合作用机理(根据产业技术综合研究所能源技术研究部网页制作)

地球上的生命进化研究中,有各种各样的传说。其中一个说法是,本来地球上只有PS I,后来别的地方诞生了一种只带有PS II的细菌。终于,融合这两个系统的蓝藻菌登场了。通过它,生命有了它应有的状态,只要有光、水和二氧化碳,生命体即使不能从体外获得有机物,仍然可以存活。经过几十亿光年的漫长的进化,才有了今天多样化的繁荣的绿色植物。当你的思绪随着时间的流逝,进化流程的推移,在超越了当前的科学进步的地方,肯定隐藏着一片你的想象力难以达到的未知领域。只要想到那里隐藏着一种可能性,你的心中是否燃起跃跃欲试的愿望?

创造高效的制氢系统

氢,不仅作为一种绿色能源使用在燃料电池上而引人瞩目,过去在制造氨、有机合成、石油脱硫、甲醇制造等方面也经常使用,是工业上非常重要的原材料。光催化通过分解水制氢,就是利用了水作为氢的来源,不必消费石化燃料排出二氧化碳,在常温常压下构建大面积的产氢系统,有效地减轻环境负荷。在第3章也作过说明,我们的实验,是使用便宜的材料,比较简单的方法制作氧化钛薄膜,组建一个相当大的反应系统,放在实际太阳光下,连续地使用太阳能从水中提取氢。首先,购进0.2 mm厚的钛板作为氧化钛电极,将钛板用剪刀在10 cm角处剪断,用本生煤气喷灯给钛板加热氧化,使表面生成一层氧化钛薄膜(见图3.1)。这里的氧化钛电极,在第2章也已作过说明,它的特性和单晶氧化钛电极的特性几乎完全相同。当然,最初并没有获得理想的氧化钛薄膜电极,特别是使用本生灯烧成时,钛板应该放在火焰的哪个部分烧?烧时的煤气量如何调整?烧成时间如何控制等都不清楚。不过经过反复试验,最终设定了条件,终于在钛板的表面形成了一层均匀的氧化钛薄膜。最初得到的样品光电流很大,而且表面形成的氧化物薄膜也不均匀,但薄膜做好后,采用各种表面分析方法对它的物性进行了测试,慢慢地出现了特性良好的部分,其性能不断地获得改善最终制作出了比氧化钛单结晶电极性能更高的氧化钛电极。

采用类似方法制作出很多氧化钛电极,将其排列在一起,如图3.2所示的1 m² 太阳能电池板,就可以从对电极的白金电极中每日获得7 L水的氢。

积累了 1 年的室外实验数据后，1975 年在《J. Electrochem. Soc》杂志上发表了这项实验结果。我认为，这一结果具有一种里程碑的意义。

当从对电极的白金电极的表面，冒出很多非常小的氢气泡时，看着那些气泡我非常激动。获取的 7 L 氢气点燃后，嘭的一声瞬间烧着了。如果计算太阳能的转换效率，只有不到 0.3%！

这个系统采用的材料非常便宜，而且大型化也容易，还可以长期使用，这都是它的优势，但也有不足。最大的问题点在于，为了能有效产生氢气，氧化钛（TiO_2）电极室水溶液中的 pH 值必须呈碱性，而白金电极室的 pH 值必须呈酸性。这种系统可以看作是太阳电池的一种，为了提高这种湿式太阳电池的工作特性，不得不使用上述的酸碱中和产生的热。如果将这一中和热转换为电位差，大约只有 0.5 V 的电力。如果不使用中和热的能量，而是氧化钛电极室也使用和白金电极室的电解液相同的氢离子浓度溶液，那就需要从外部引进 0.5 V 的电压。这一点，是我们这个系统存在的缺陷。

那么，将氧化钛粉末倒入水中，使之悬浮在水中，光照射在它的表面，结果如何呢？前面已经讲过,在微小粒子上,一个地方产生氧气,其他地方产生氢气,是非常困难的事情。下面就以各种试验作说明。

东京理科大学理学部的工藤昭彦教授等人所进行的实验中,使用含有少量镧(La)和氧化镍(NiO_2)的$NaTaO_3$系列,由于它比氧化钛能带间隙大,所以需要用非常短的波长的光照射。

东京大学工学部研究科的堂免一成教授,也在含有氮化镓(GaN)和氧化锌(ZnO)的固溶体上负载$Rh_{2-x}Cr_xO_3$的微粒尝试水的完全分解,但看起来非常复杂。

氧化钛可利用的光是只占太阳光含量3%~4%的紫外光。因此对可见光响应型光催化的研究,是一个很大的课题。关于这一点,之前日本的研究小组已经有过研究报道了。

位于筑波市的产业技术综合研究所的佐山和弘先生等研究人员,从植物进行的光合作用中受到启发,发现可以通过两段的光催化反应,生成氢气。在植物的光合作用中,利用叶绿素的两种光吸收中心和电子传递介质分解水产生氧气的同时,又将二氧化碳气体还原成糖。这种反应在前文中称为Z型反应,佐山先生进行的反应如

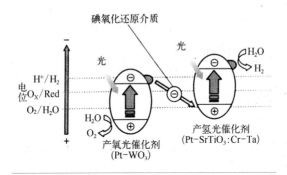

碘氧化还原介质

光

光

H_2O
H_2
H_2

$-$

H^+/H_2
O_X/Red
O_2/H_2O

电位

H_2O
O_2

$+$

产氢光催化剂
(Pt-SrTiO₃:Cr-Ta)

产氧光催化剂
(Pt-WO₃)

图11.3　两段光反应的机理图（根据产业技术综合研究所能源技术研究部网页所作）

图11.3所示，是利用铬掺杂、负载白金的钛酸锶和负载白金的氧化钨这两种光催化剂，通过加入碘作为载流子传递介质的Z型反应。

利用这一系统，第一次通过可见光完成了水分解。不过，转换效率很低（420 nm处为1%），留下了待解决的课题。通过可见光完全分解水的光催化例子还没有见到，世界范围内的很多科学家也还在为寻找新的光催化剂而孜孜不倦地研究。

即使使用粉末光催化剂能够使水高效地产生氧气和氢气，这种混合气体的处理也是一个很棘手的问题。因为一不小心就会引起爆炸。即使不会爆炸，也需要掌握分离氧气和氢气的技术。当然,这种担心应该是能产生大量的氢气和氧气之后的事。

在实用化的过程中,不仅限于光催化,对电解反应及其耦合反应的效果也进行了研究。Z型光催化反应效率低,很大的原因在于光催化剂的产氢性能低。因此,需要设计一种替代系统,也就是使用作为载流子传递介质的铁离子替代产生氢气用的光催化剂,制成电解制氢的光催化剂——电解耦合系统。在这个系统中,与通常的电解相比,估算下来只需一半的电力就可得到氢气。将利用光催化开发环境净化技术而培养起来的思维,与其他的技术结合产生新的构想,应用在开发高效的氢能生成系统方面,还是十分值得期待的。

前文已经讲过,包括美国在内,世界各国都设立了与人工光合相关的国家项目。日本国内也有大学或国立研究机构与大型化学化工企业合作。例如,三菱化学和东京大学共同研究,开发可见光响应型的光催化剂制取氢气的技术。报告显示,对这项共同研究中开发的化合物,采用波长420 nm的可见光进行照射时,其产氢中的光利用效率达到6.3%。

二氧化碳的利用

　　解决能源问题的同时,地球的环境问题也面临着急需解决的难题。其中,为了避免地球温暖化造成的深刻影响,有必要大幅削减带来温室效应气体的二氧化碳排放量。因此,回收火力发电厂等排放气体中的二氧化碳,储存到地底或海底的技术虽然开发出来了,但储存量有限,而且还有可能再次泄漏到大气中。如果能够有效地利用回收的二氧化碳,甚至可以代替石油的话,就可最终实现循环再利用。

　　关于这一点也是我们长期以来研究的内容。例如,使用铜等金属电极,进行电化学还原二氧化碳,可以制作蚁酸以及甲醇等工业用的重要原料。不过,虽然采用上述方法转换效率低仍然是个问题,但可以使用高压的二氧化碳,也可以使用能充分溶解二氧化碳的甲醇作为溶媒。最终,我们考虑用太阳电池供应这里需要的电力,将光能转换为电能作为分解用的电力,将二氧化碳转换为燃料(见图11.4)。

　　其实,我很早以前就从事光催化研究,20世

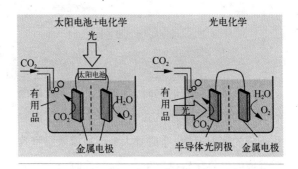

图 11.4　二氧化碳的还原法

纪70年代就在《自然》杂志上发表了论文。这项研究主要是使用氧化钛进行光电化学反应还原二氧化碳,虽然这已是40多年前的研究成果,但至今仍然被其他的论文广为引用。最近,不仅是氧化钛,也发表了很多其他使用金属络化物的研究论文。之前也有报道,三井化学等企业正在探讨开发一种制造系统,将工厂排放的二氧化碳与利用光催化进行水分解得到的氢进行合成,从而获得甲醇,并且将所得到的甲醇用于生产化工产品(烯烃类、芳香类等)。

　　能源问题和环境问题,无论哪个都是关乎今后我们人类生存的大问题。我想,如果能利用太阳光,通过光催化技术为解决这个大问题而作用,也算是对人类作一点贡献吧。

第12章
光催化的规范化进程

冒牌货和正品

不知道大家是否听说过鱼目燕石一词？这是中国的一个典故，鱼目，顾名思义就是鱼的眼睛，燕石是位于中国河北省燕山上的石头。两者乍一看，都很像珠宝。假冒的东西没有价值，这个词就是比喻仿冒正品的冒牌货，或不易分辨的赝品。

介绍这个词没有其他的用意，就是想说明，在光催化产品日益广泛地发挥作用的今天，当你努力研究开发时，所面临的问题之一，就是鱼目混珠的问题。

在推广利用光催化杀菌或除臭的同时，一些性能并没有宣传的那么高的光催化产品也被大力宣扬。还有，听说利用光可以净化水和空气，感觉好像有了一种神秘的魅力,甚至出现了给人那种形象先行的商品。如果市场上大量充斥着这种含糊其辞的商品,那么,基于尖端科技拥有高性能的光催化产品就无法得到正确的评价,这是我们在长期从事研究开发过程中非常担心的问题。

为了解决这个问题,以早期开始商品开发的厂家为中心组建了行业协会,致力于提高光催化产品的品质和普及光催化知识。2006年,日本国内行业抱团成立了光催化工业协会(见图12.1),主要是对性能和使用方法等合格的光催化产品

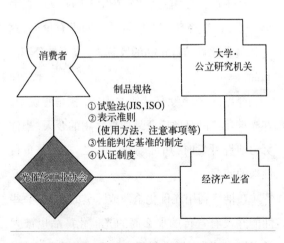

图 12.1　光催化工业协会的组织关系与职能

发放认证标识(见图12.2)。这一做法获得了日本政府的支持,可以说,这是从日本国家层面为进一步发展光催化技术提供了制度保证。

图12.2 光催化工业协会会标

关于鱼目混珠难以分辨的问题,在光催化工业协会成立前,日本经济产业省就下设了光催化标准化委员会,笔者作为委员长参与了光催化材料的JIS标准的制定讨论。本章就着重介绍"真正的光催化"。

什么是标准化

所谓JIS,是日本工业规格(Japanese Industrial Standards)的英文字母缩写。根据日本"工业标准化法"而制定的一种国家规格。干电池、草纸等很多日常生活用品上都带有这个标识,大家也许看到过。

规格化和标准化,可以使大家按照规定的标准生产产品,大家可以共同利用,都会感到方便。如果干电池,草纸之类的规格都按照各个厂家自己的标准生产，那买回来的东西就可能无法顺利地安装或使用，消费者就会感到很麻烦。1904年，美国的巴尔的摩市发生了一起大火灾，从全美各地来了很多帮助灭火的消防队，但由于消防水管的尺寸不一，无法连接到消防栓上，只能眼睁睁地看着大火一直燃烧。从那件事的反省中得到教训，美国人统一了水管规格，使得水管可以安装到任何一个消防栓上，这就是标准化。从那以后，1972年在别的城市发生的火灾，巴尔的摩市的教训就发挥了作用。

其实，标准化的历史，可以追溯到埃及金字塔建造时。前文也介绍过，我和工学博士、绘本作家加古里子先生一起写过一本书，他和我关系不错。加古先生写的《金字塔——其历史和科学》(偕成出版社)一书可以说相当于我的圣经。4600多年前在埃及吉萨高地建造的大金字塔，之所以直到现在仍然屹立不倒，保持着雄伟的英姿，听说使用了260万块、每块为2.5 t的石头，而且每块石头都被磨成相同的形状。也就是说，采用石头大小统一的单位进行计算的计算方法，以及使用统一的操作顺序进行"标准化"操作的智慧，才造就了大金字塔！

现代的标准化,有日本国内通用的和世界范围内通用的两种。日本国内通用的标准,就是JIS规格。世界范围内通用的标准,即ISO(International Organization for Standardization,国际标准化机构)。ISO是勿论语言和地域,世界上普遍都能使用的略称,来自希腊语的关联词语ISOS(平等、均质)。在经济全球化的现代社会,世界范围内都通行的国际标准化变得愈发重要。在商品和服务传送到世界各地的同时,人们希望先有一个共同的判断标准。例如,由日本提案最后变成国际标准的,有音乐CD或QR的编码(手机上的相机与网络连接的正方形编码)、紧急出口标识等。

如果,新开发出来的产品没有实行国际标准,想想看,日本制造的商品在海外销售就会很难,反过来,配合对方国家的产品制作新的产品,花费的成本就更高了。如果在新产品开发阶段,就将日本的标准国际化,这样不仅在海外可以自然地流通,日本开发的新技术还能为世界作贡献。国际标准化在所有产品的开发中都非常重要,现在已作为日本的国家战略举国推进。光催化产品也一样,状况完全相同,我们打算先在日本将光催化JIS化，与此同时由日本主导，进一步推动国际标准化。

JIS 规格、日本的标准化进程

标准化首先需要解决的是，光催化性能评价方法的JIS化。先按照自清洁、空气净化、水质净化、抗菌防霉分成四个模块，然后制定相应的规格，对光催化产品的性能采用统一标准、统一条件进行评价。最先制定的光催化产品JIS规格，是2004年的空气净化试验方法——氮氧化物的除去性能。针对各种性能评价方法和适用光源，制定了一系列的JIS标准。

通过制定这一系列的JIS标准，之前各厂家参差不齐的评价方法都统一了，对产品的性能也可以作比较了。尤其是，还成立了进行性能评价测试机构。不过，制定了JIS标准，也只是停留在光催化的性能评价方法上，对实际购买光催化产品的消费者、用户来说，性能评价的结果，是否真的充分发挥了作为光催化的效果是很重要的。因此，性能评价方法JIS化的下一步，就要求对光催化的性能本身实行标准化。关于这一点，光催化工业协会下设了标准化委员会,正在研究讨论中。

另外,从2006年开始,针对可见光响应型的光催化,也在研究JIS标准化问题。首先,日本精密陶瓷协会设立事务局,以独立行政法人新能源产业技术综合开发机构(NEDO)委托研究的形式,形成企业和研究机构共同参与的机制。

可见光响应型光催化的标准化分为三步走。第一步,也最重要的,是用于室内的空气净化。其次是自清洁以及抗菌性,按照这个步骤一步一步地实现JIS化。空气净化中,先从污染物开始,以VOC(甲醛和甲苯)、恶臭物质(乙醛和甲硫醇)、NO_x为对象,对试验条件等实行标准化管理。

可见光范围的标准化,国际照明委员会已经明确规定了380~780 nm的范围,我们判断这个范围迟早会ISO化,因此就以这个范围作为评价标准。评价用的光源,采用了价格便宜、容易入手的白色荧光灯。

更重要的是,光催化制定JIS标准后,各行业协会也在这个标准的基础上,打算增设各自的产品认证标准。例如,第9章也介绍过,光催化纤维产品关联评价,纤维评价技术协会在2007年就制定了光催化纤维产品认证标准(SEK标识:光催化抗菌加工纤维产品认证标准)。这个评价标准,作为JIS规格的R1702条,还用在了已经制定的光催化抗菌性试验方法中的玻璃紧密接触法上。

类似这样,在行业内针对光催化功能首先设置统一的判断标准,不仅保证了产品的品质,也使得消费者能够放心使用关联产品。乍看似乎很平常,而且很费事,但却是新产品和新技术普及中不可缺少的重要一环。也许就像一流的运动员那样,长年累月不间断地进行肌肉力量训练,才能最终活跃在国际舞台上。

从 JIS 到 ISO

关于光催化的ISO化,由于光催化主要以氧化钛作为原料,精密陶瓷国际标准化的ISO条款中已经在TC206中作了规定。所谓TC,实际上是研究ISO标准的专业委员会(Technical Committee)的缩写。TC206是精密陶瓷的专业委员会,而日本作为干事国承担着日常业务。在这个专业委员会下面,设置了光催化关联业务工作小组(WG),由日本主导的形式制定光催化的国际标准化。TC206 的成员国,由有表决权的国家(P 成员)和没有表决权的国家(O 成员)组成。P 成员国,除干事国日本外,还有亚洲 6 国、欧洲 7 国、北美 2 国、加上俄罗斯和乌克兰共计 17 个国家组成。特别是,欧洲对光催化的标准化进程很关心,因此欧洲的 P 成员国不断增加。遗憾的是,亚洲各国中出现鱼目混珠的可能性很高,因此还需和亚洲各国一起在协调中推进国际标准化。

表 12.1　光催化的国际标准化(ISO)关联的 ISO/TC206 成员国

	P 成员国(有表决权)	O 成员国(无表决权)
亚洲	日本(干事国)、中国、印度尼西亚、韩国、马来西亚、巴基斯坦	菲律宾、泰国
欧洲	奥地利、比利时、法国、德国、意大利、英国、捷克	挪威、波兰、塞尔维亚、斯诺伐克、西班牙、瑞士、土耳其
美洲大陆	加拿大、美国	古巴、厄瓜多尔、委内瑞拉
其他	俄罗斯、乌克兰	埃及

(来源:藤岛昭等著《图解光催化产业概论》,日本效率协会管理中心)

亚洲很多国家也对光催化的标准化很关心。为了早日制定ISO，我们邀请了中国、韩国、新加坡、印度、印度尼西亚等国家的代表来到东京，每年11月份用2~3天时间开会讨论。会上，我每年都要例行地介绍日本以及世界上光催化研究的现状。

光催化最先制定的ISO标准，是2007年制定的NO_x分解试验方法。从那以后，其他的项目也逐渐地进入标准化审议进程。制定一个ISO标准，从提交方案到最终确定，最短也要3年，是一个漫长的过程。当然这也是日本作为干事国发挥领导作用的机会，通过制定ISO标准，构建一个各国合作机制，也为今后日本的光催化技术走向世界发挥重要作用。

光催化的安全性

在本书中，将以Q与A的形式，对光催化的安全性回答几个经常被问到的问题。

【Q1】根据光催化反应，在表面会短时间生成活性氧，这对人体有影响吗？

【A1】活性氧会引起老化或癌变，由于各种食品广告频繁地提起，所以有的人只要听说活性氧，就有非常不好的印象。确实，过剩的活性氧会给细胞带来损害，但同时它也可以杀灭外部侵入机体的病原菌，防止身体感染，它的防御功能我们也了解。不管怎样，由光催化反应产生的活性氧，只是在极为接近表面的地方短暂发生，而且活性氧本身又非常不稳定，它的寿命是非常短的，所以几乎不会给人体带来任何影响。

【Q2】光催化反应产生的中间产物安全吗？

【A2】导致新装修房症候群的主要原因是甲醛，甲醛通过光催化反应后被氧化，生成中间产物蚁酸，蚁酸被进一步氧化后完全被分解成二氧化碳和水。另外，香烟的臭味成分主要是乙醛，它被氧化后的中间生成物是醋酸。这些中间产物的量都非常少，而且几乎没有毒性，所以也不会对人体造成任何影响。但是，在安全性上，我们有必要非常慎重。今后在光催化反应的基础研究中，对是否有可能对身体带来影响，也需要时时保持警惕。

【Q3】代表光催化剂的氧化钛，虽然已经被认可作为食品添加剂使用，但如果人体吸入了氧化钛的原料粉末，对肺脏等会带来恶劣的影响吗？

【A3】氧化钛作为食品添加剂已经被认可，像白巧克力、牙膏、化妆品等都用到了，是一种安全的物质。但是，将氧化钛作为光催化剂使用时，带有光催化功能的附着材料（纤维、壁纸等）需要和氧化钛紧密接触，而且附着材料还要防止被光催化分解，所以在利用光催化的同时，往往还会使用黏结剂或分离剂等化学物质。因此，一些光催化抗菌毛巾或床单等直接接触皮肤的产品，尤其需要确认使用的黏结剂等化学物质的安全性。

特别是，作为光催化原料的氧化钛，它的粒子直径只有几十纳米大，吸入了这样的微粒子，是否会引起尘肺等虽然存有悬念，但光催化产品中氧化钛都是固定在其他材料上的，因此吸入氧化钛微粒子的担心完全是多余的。不过，工厂的操作工在光催化产品生产过程中，以及从事光催化产品的研究开发人员等，接触氧化钛微粒子的可能性是存在的，所以需要采取彻底的安全防护措施。

结束语

　　稍早之前，我们编辑发行了《改变了时代的科学家的名言》一书。在我当校长的东京理科大学，我希望新生们都能读到这本书，所以人手发放一册。这本书收录了从古希腊、古罗马时代到现代的 2 500 年间，在自然哲学、科学、技术领域作出了开拓性贡献的伟大先贤约 100 人（从毕达哥拉斯到比尔·盖茨）留下的名言及他们的人生经历，追寻他们的时代和足迹，希望能够对当今的青年人有所启发。

　　那些伟大的先行者，不被他们生存时代的常识所束缚，开辟了新的时代，他们留下的名言和他们的人生，从内心深深地影响着后世的人们。其中，意大利文艺复兴时期的巨匠，留下了"最后的晚餐"和"蒙娜丽莎"等名画的列昂纳多·达·芬奇，甚至在建筑、土木工程、天文学等科学技术领域也造诣深厚，在许多领域都有他活跃的身影，他的博学令人惊异。

在这本书里虽然没有介绍他的科学成就，但他说过"没有什么能比研究光的学问给人带来更多的快乐"。这句话跨越500年的时空，仍然让我不由自主地产生同感。

达·芬奇还有一句名言，"在艺术的科学中，研究科学的艺术"。在现代这个学问被专业细分的社会，不知不觉间就陷入了各自研究领域的章鱼罐子中考虑问题，坐井观天，所以时时倾听文艺复兴时期天才们的话，开阔自己的视野，对我们从事研究的人来说才是真的有必要。当然，也希望广大的年轻人广开思路，以宽阔的视野思考未来的社会变化。

基于以上的愿望，在我担任神奈川科学技术研究院（以下称KAST）理事长期间，KAST在神奈川科技园区里设立了"光催化博物馆"。前文也已讲过，KAST作为神奈川县产学公连携的据点，从开始的扶植尖端研究以及人才培养，现在也向社会深入普及科技知识，开展科技启发活动。

下一步，我们正准备在东京理科大学设立"光催化综合系统研究中心"。包括这个中心在内，最后谈一谈我们的光催化研究现状和对未来的展望。

光催化博物馆

光催化博物馆开馆以来已经跨过了8个年头。这里展示了我最初进行光解水的实验装置。

在博物馆里，使用以氧化钛单晶为电极，白金为对电极的装置，为现场来访的参观者演示光解水实验。其中还有各种产品展示，博物馆的玻璃都是使用带有光催化功能的，还可以和普通的玻璃进行比较，受到大家好评。

暑假里，还会开放面向小学生的实验教室。不仅日本国内，还有好多国外来的访问者也都来参观这个实验教室。一年大约有10 000人到访。

光催化博物馆的入口处，有一个面向孩子们的图书馆，里面有畅销的绘本和童话故事。特别是加古里子先生写的关于科学的绘本，非常受孩子们的欢迎。有的孩子为了看书来图书馆，顺便走进博物馆，就有了接触光催化的机会。这么做，也是希望从光催化开始，能有更多的孩子对科技感兴趣。

最近，日本初中和高中的理科和化学教材中也增加了光催化的教学内容。2012年4月份开始使用的初中高中教材，更加详细地介绍了光催化，日本全国的初中生和高中生都能学习光催化，对我这个常年坚持研究这个领域的人来说，真是太高兴了。希望世界范围内的孩子们也能参与学习。

太阳能热电站反射镜的应用

东日本大地震导致的福岛核电站泄漏事故发生以来，利用太阳能的重要性越发引人关注了。本来，利用太阳能电池的重要性，是不言自明的。太阳能电池和光催化的关联性在于，使太阳能电池的表面总是保持清洁的自清洁系统的运用。

最近对太阳能热发电有了新的思路，人们认为光催化也可以在这个领域发挥作用。例如，利用太阳的热能，从海水中提取纯水。采用这种方法可以使自清洁需要的水变得干净，如果同时在太阳能热电站集光用的镜面涂覆一层氧化钛薄膜，即使会受到沙漠地带的沙尘影响、也可以在制作出来的纯净水和强力太阳光的作用下，更有效地发挥自清洁作用。关于这方面的问题，现在正和三鹰光器合作进行共同研究。

光催化综合系统研究中心的设立

东京理科大学的野田校区,现在建造一座4层2 500 m²的研究所大楼。我希望这里成为世界研究光催化科学家们的向往之地。

以该中心的建设为基础,东京理科大学申报了经济产业省的"新技术革新据点立地支援事业"项目(技术转让基地配备计划)。这是一个综合项目,将所有曾经以光催化课题与各个企业进行的共同研究、开发出来的各种材料都集中归到研究中心,然后综合考虑,看能否运用到新的领域。预定由我担任中心长,负责推进这项工作。这项计划有很多人参与应聘,很幸运我们的项目排在候选的第一名。

LED 光源的导入

氧化钛可以对400 nm以下短波的紫外线响应。由于太阳光所含的紫外线可以利用,所以以瓷砖和玻璃的自清洁的应用为主。使用空气净化器时,采用机内光源导入法,之前主要是使用可以发出紫外区域光的黑光灯和荧光灯等。但最近,寿命更长,可以发出各种波长光的LED(Light Emitting Diode,发光二极管)作为照明器具和红绿灯光源越来越多,LED中可以发出短波长光的产品也不断被开发出来。虽然这个波长领域的LED现状仍然价格很贵,但无论如何,作为光催化使用光源的LED的普及指日可待。

新光催化过滤器的开发

现在,我们正和优比克斯(U-BIX)株式会社的经营者森户祐幸先生合作,共同开发新的光催化过滤器。优比克斯是一家在紫外线领域拥有独特技术和产品的专业公司。现在市场上的空气净化器,主要是在蜂窝形的陶瓷过滤器上涂覆氧化钛超微粒子,这样的过滤器制造成本很高,而且很重,容易破裂,很不理想。

但是,森户先生他们正在开发的过滤器,可以将钛板加工成0.1 mm的薄板,不仅拥有多孔特点,还能弯曲可自由地选择需要的形状,而且去除乙醛等有害物的效果也很好。尤其是它还

能适应各种形状的光源,因而各种类型的光催化
空气净化器制造上都可以使用。

实际上,已经有小型的光催化空气净化器。
采用光源和等离子体并用的方式(电池启动),用
于电冰箱,效果明显。不仅可以使水果和蔬菜等
保鲜,还能去除冰箱异味,听说韩国的大型家电厂
商也在考虑导入这一技术。说不定,世界上用于
电冰箱的小型光催化装置活跃的时代已经到来。

新干线上窗户玻璃保洁的尝试

2003年,我从东京大学退休后,在JR东海的
功能材料研究所从事"舒适乘坐新干线"的光催
化应用研究。其中之一,就是在第7章中讲过的,
在新干线N700系列上的吸烟室里安装空气净化
器。其他的挑战还有如何使新干线的窗户玻璃总
是保持清洁状态等。长时间高速运行的新干线的
窗户,需要经常性地保持干净明亮,于是我们考虑
了一种特别的方法,就是利用氧化钛纳米薄膜。

一般,采用光催化使窗户玻璃保持清洁,有
如下三个方法:

(1)将氧化钛薄膜在高真空的环境下溅射到

玻璃表面（这个方法只有特殊的工厂才能完成，所以成本非常高）。

（2）在现有的窗户玻璃表面涂覆一层透明的氧化钛薄膜。这需要非常熟练的技术，所以需要专业人员施工。当然，施工前还要把玻璃的表面清洗干净。

（3）在很薄的透明的高分子薄膜上涂抹氧化钛，这样的产品是现成的，只要贴到玻璃上就行。这种方法也应用在了镜子上。

新干线的窗户玻璃上，首先考虑的是采用第（1）种方法。但发现还是有很小的油污点附着在玻璃上。后来，我们就想到可以采用纳米薄膜形状的氧化钛。一般情况下，我们使用的氧化钛粒子的直径都在10~20 nm之间，将这样的氧化钛粒子涂覆在玻璃上，加热到500℃，变成透明的氧化钛层。即使这样的方法，仍然有很小的油污点附着在玻璃上。于是，我们考虑到采用厚度为0.5 nm左右、长度为1 μm左右的纳米片状的氧化钛。这种纳米片状的氧化钛的制作方法，我们是从筑波市物质材料研究机构的佐佐木高义先生那儿学来的。我们将它做成纳米薄膜贴在玻璃上进行实际观察，表面当然很平坦，而且非常光滑。

但是，这种方法也存在问题。一般的玻璃都是钠钙玻璃（soda-lime glass），玻璃中含有大量的钠离子。在钠钙玻璃的表面贴上纳米薄膜后，为使其紧密地黏附在玻璃上，要放进温度在500℃左右的炉子中加热。在这个过程中，钠离子扩散在氧化钛纳米薄膜上，生成了一种新的物质——钛酸钠。因为这种物质的存在，导致光催化失去了氧化能力，以至无法发挥光催化的去雾特性。

因此，为了防止钠离子扩散，就有必要提前在钠钙玻璃上设置屏障层。这种屏障层一般使用氧化硅（SiO_2）。但这种方法需要先涂抹氧化硅层进行烧成，然后贴上纳米薄膜氧化钛后再次烧成，工序复杂，成本也很高。

在这种情况下，我们就开始探索一种不需要氧化硅层的光催化材料。例如，使用一种叫做氧化铌的东西。用这种材料，即使生成了铌酸钠，还是可以发挥它难以起雾的特性。在钠钙玻璃上贴上氧化铌纳米薄膜后进行烧成，结成了一层透明的薄膜，但又出现了新的问题。其中之一是纳米薄膜形态的铌酸制备不容易，还有就是铌酸钠不具有光催化的分解能力。

新干线上的窗户玻璃要想使用光催化去污，挑战在继续，道路还很长。

光催化在汽车上的应用

光催化在汽车上的应用，前面的第5章已经讲过了，应用效果良好的就是车两侧的后视镜。听说有相当多的汽车都在使用，使用后下雨天开车不会起雾，视野清晰，有效地防止了交通事故的发生。另外，为了净化车内的空气，有的车型还装备了车载光催化空气净化器。虽然效果的持续性值得怀疑，但现在出现了一种新的氧化钛制备方法，就是采用喷雾法直接将光催化喷在座椅上，净化车内空气。

不过，我们认为目前比较重要的有以下三点：

第一，车窗玻璃的新材料的应用。到目前为止，几乎所有的车窗都是使用很重的玻璃材料，今后，轻量的聚乙烯碳酸盐（聚乙烯）等材料很有可能会被用上，所以我们试着在聚乙烯上涂抹氧化钛。特别是将纳米薄膜形态的氧化钛用到聚乙烯上，非常值得期待。聚乙烯和玻璃不同。使用聚乙烯时，无法通过高温加热来提高紧密度。所以,将纳米薄膜形态的氧化钛使用等离子体方法,提高与聚乙烯的紧密结合度,而且问题的关键是涂抹上去能否透明,虽然反反复复多次试验,但还是都失败了。

第二个很大的课题,就是寻找车内不会起雾的方法。特别是下雨天和冬天在开车时,车厢内起雾,导致视线不清,很伤脑筋。我们也探讨过使汽车里侧的玻璃不起雾的方法。当然这是一个不能轻易解决的难题,但我认为这是一个值得挑战的课题。

第三,自清洁在汽车车体上的应用。大约在15年前,在发现氧化钛光催化的超亲水性效果后,我们探讨过将这一方法应用到汽车车体的涂装上。TOTO公司为了推广这一技术,向全国的加油站呼吁后,加油站对汽车进行光催化涂装有了很大的发展,但中途停止了。主要原因是,在对汽车车体涂上透明的氧化钛层之前,需要先打底涂上一层氧化硅保护层,很费时间。不过,氧化钛涂装效果拔群,所以还是值得推广应用,也许不久之后就能找到一种比较短时间可完成的涂装方法。这一技术,除应用到汽车上外,还有可能推广到空调的室外机等机器上。

　　综上所述,光催化的应用,使人们的生活变得更加舒适安全,它的应用领域必将更加广泛。当然,其中有待解决的课题也很多,如果想想挑战的乐趣,想象着又有新发现的机会,难道不是一件快乐的事情吗?

　　想到自己还可以挑战很多课题,我的心情就激动不已。可能正如达·芬奇所说的那样,在研究光的时候,能感受到最大的喜悦。

　　当光照在氧化钛电极上时,水被分解了。这一实验已经过去近50年了。其中也经历了很多,想到刚开始的光催化研究,到现在发展为一项对世界有用的技术而引起世人的注目,真是百感交集。

　　尽管如此,正如前面所说的那样,现实中还有很多研究的课题有待解决。而且光催化要想更广泛地推广应用也需要进一步研究开发,因而研究环境的整备就显得尤为重要。为此,我也希望自己更加努力。

　　本书的读者,特别是年轻人,我希望能通过本书唤起他们对各种科学的兴趣,不要害怕失败,要勇敢地去挑战。我现在也还记得失败过的实验。其中之一,还要追溯到中学时代的理科实验课上。那时，头脑里充满了失败的挫折感，但后来慢慢领悟到，失败是后来发现和成功所必不可少的一个过程。

而且，要想获得新的发现或成功，不能忽视基础知识，必须持续不断地学习，不能半途而废。构筑土台（基础研究）的施工作业绝不是一件快乐的事情，也与华丽显赫无缘。可以说是一项艰难痛苦的工作。但是，就像罗曼·罗兰所说的，"金字塔不是从顶上开始建造的"。

我要感谢菱沼光代女士，没有她的大力支持就没有这本书的出版。也要感谢岩波少年新书编辑部的山下真智子小姐的大力协助。

我还要感谢KAST及川崎市民研究院的各位，并衷心地感谢承诺为本书提供照片和图版的企业以及研究所的各位，还有我供职的东京理科大学的各位，他们是我坚强的后盾，在此一并感谢。

为了培育光催化相关的新技术和产业，我希望今后在促进世界交流的同时，进一步推进光催化的研究开发。

2011年秋

藤岛昭

参考文献

藤嶋昭・かこさとし他共著『太陽と光しょくばいものがたり』(偕成社、二〇一〇年)

藤嶋昭・村上武利監修・著『絵でみる 光触媒ビジネスのしくみ』(日本能率協会マネジメントセンター、二〇〇八年)

藤嶋昭『天寿を全うするための科学技術～光触媒を例にして～』(かわさき市民アカデミー講座ブックレット、シーエーピー出版、二〇〇六年)

藤嶋昭・瀬川浩司著『光機能化学──光触媒を中心にして──』(昭晃堂、二〇〇五年)

橋本和仁・藤嶋昭監修『図解 光触媒のすべて』(工業調査会、二〇〇三年)

藤嶋昭他著『光触媒のしくみ』(日本実業出版社、二〇〇〇年)

　藤嶋昭・橋本和仁・渡部俊也共著『光ク
リーン革命 ── 酸化チタン光触媒が活躍す
る ── 』(シーエムシー、一九九七年)

　藤嶋昭・相澤益男編著『光のはなしⅠ』
(技報堂出版、一九八六年)